张振华 著

先跟情绪问好

情绪好身体才会好的心灵SPA自助书

译林出版社

图书在版编目（CIP）数据

先跟情绪问好：情绪好身体才会好的心灵SPA自助书 / 张振华著 .—南京：译林出版社，2014.2
ISBN 978-7-5447-4161-3

Ⅰ．①先… Ⅱ．①张… Ⅲ．①情绪－自我控制－通俗读物 Ⅳ．① B842.6-49

中国版本图书馆CIP数据核字（2013）第179254号

书　　名	先跟情绪问好：情绪好身体才会好的心灵SPA自助书
作　　者	张振华
责任编辑	王振华
特约编辑	董玲君
出版发行	凤凰出版传媒股份有限公司 译林出版社
出版社地址	南京市湖南路1号A楼，邮编：210009
电子信箱	yilin@yilin.com
出版社网址	http://www.yilin.com
印　　刷	三河市祥达印装厂
开　　本	640×960毫米　1/16
印　　张	15
字　　数	145千字
版　　次	2014年2月第1版　2014年2月第1次印刷
标准书号	ISBN 978-7-5447-4161-3
定　　价	28.00元

译林版图书若有印装错误可向承印厂调换

目录
contents

第2章

改变心情，摆脱情绪负债的侵扰

远离冲动，不做情绪的顺风草

第4章 积极暗示，脚窝里也能开出美丽的花

第5章 完善自己，带领影子脱离黑暗

第6章

活出快乐，实现自己想要的人生

古今中外，我们所有的人都摆脱不了“情绪”二字。那你体会到情绪在你的生活中所占的份量了吗？

曾仕强说：“情绪没有好坏之分，它只是人们对环境的一种反应。”可见，情绪是人生来就有的，它像我们吃饭一样的正常。

但是情绪之于我们，却有正面与负面之别。

正面情绪像一个吹响的号角引导我们走向积极的道路。

而负面情绪就像一座监狱。如果你被它俘虏，那就会身陷囹圄而不能自拔。但是如果你能懂得调整自己的负面情绪，那你就拥有了一把打开监狱大门的钥匙。

如果你的心情是正面的，不管工作有多忙、生活有多琐碎，这一天也会过得很开心；如果情绪是负面的，即使再有趣的事，也会让你觉得百无聊赖。正面情绪就像发电机，可以不断地给你送来前进的动力；负面情绪就像传染病，让你在伤害到别人的时候，也会伤了自己。

“怒伤肝，思伤脾，恐伤肾，悲伤心，忧伤肺”，这些负面情绪不仅会让自己失去亲情与友情，更重要的是它会使你失去成功与快乐，进而失去自己的健康。

当下，我们承受的生活和工作压力越来越大。在面对这些压力的时候，有越来越多的人失去了自己。看看那些，因无法面对毕业找不到工作的现实而自杀的大学生、研究生，甚至是博士生，不乏少数。

所以，我们当前要面对的最重要问题就是：如何来正确调整自己的负面情绪？

本书就是从现实出发，通过真实的案例，来解析负面情绪的来源、影响它的因素以及如何解决的方法。

通过一个又一个成功人士的案例，让你明白，负面情绪是每个人都有的。关键在于你怎么对待它。你是想找到那把打开监狱大门的钥匙，还是宁愿呆在那暗无天日里不出来？我想大部分人都会选择前者。因为，成功是每一个人的梦想。让我们翻开此书，来找到那把打开监狱大门的钥匙吧！

第 1 章

拥抱生命，握住情绪的命运开关

1. 情绪，一匹极难驯服的野马

情绪是一匹难以驯服的野马，只有真正驾驭了这匹坐骑，才能获得内、外在的自由。当它成为人生道路上的阻碍时，我们将寸步难行。当它为我们服务时，人生将变得丰富多彩。

为什么心情有时候会无缘无故变得黯淡？为什么突然间干什么都提不起劲来？为什么脾气暴躁对人对事毫无耐心？为什么别人一看见自己就退避三舍？

对此，我们常常感到莫名其妙。其实，这一切皆是因为，在我们心中有一匹脱缰的野马在肆意狂奔。而这匹极难驯服的野马，便是——情绪。每个人的心里，都有这样一匹野马，每个人都经历过情绪的爆发，每个人也都体验过生理的变化和行为的失控。

在心理学上，情绪被分为四大类：喜、怒、哀、惧。在这之下，又被细分成很多，基本囊括了人类身上发生的所有情感变化。普通心理学认为："情绪是伴随着认知和意识过程产生的对外界事物的态度，是对客观事物和个体需求之间关系的反应，是以个体的愿望和需求为中介的一种心理活动。情绪包含情绪体验、情绪唤醒、情绪行为和对刺激物的认知等复杂成分。"

拿破仑曾说："能控制好自己情绪的人，比能拿下一座城池的将军更伟大。"这话一点都不夸张。在战场上力拔千钧、武功盖世，只能赞你有"勇"，真正难如登天的却是：驯服自己情绪的野马。

在短暂的人生过程中，我们随时随地会遭遇情绪的"作乱"。一旦掌控不

佳，这匹不听话的“野马”，动辄就能把我们弄得灰头土脸，致使我们伤人伤己，造成不可弥补的遗憾。

有这样一个故事：在一座人迹罕至的山上，住着一个小和尚和一个老禅师。小和尚很孤独，便偷偷饲养了一只小山雀。有一天，小山雀被发现死在了树下，小和尚非常悲伤，情绪低落地来到了小溪边。

那份哀痛的情绪正无处发泄时，小和尚看见了小溪里那些自由自在的小鱼，不禁触景生情起来：小山雀再也无法像它们那么生机勃勃了。报复般地，小和尚抓住河里的一条小鱼，在它身上紧紧绕了一根线，线的另一头则绑在了一块小石头上。

做完这一切后，小和尚才把鱼放回了小河中。看着小鱼拖着“巨石”，艰难游行，小和尚终于释怀了。

但是，小和尚仍没有就此打住。他开始如法炮制，把这一套“酷刑”也放在了青蛙和小蛇的身上。不久，他周边能逮住的小动物身后都被绑上了一块块大小不一的石头。

看着它们步履维艰的样子让小和尚畅快淋漓，幸灾乐祸的笑声在整个山间回荡。而这一切，全看在了老禅师的眼里。

夜晚时，待小和尚熟睡后，老禅师轻手轻脚地爬了起来，去院子里抱来一块大石头，然后把大石头绑在了小和尚的背上。

第二天早上，小和尚一醒来，刚想从床上跳起，却感到后背格外沉重，往后一看，大惊失色，背上多了一块大石头！小和尚连忙请求老禅师帮忙解开绳子。

老禅师无动于衷，只是平静地问他：“小鱼被石头绑住，痛苦吗？青蛙被石头绑住，痛苦吗？小蛇被石头绑住，痛苦吗？”

见小和尚不吭声，老禅师又说：“如果我们无法掌控自己的情绪，犯下无可挽回的大错，那么最难卸下的，是心中那块石头。”随即，老禅师命小和尚先去把动物身上的石头解开。

小和尚低着头，背起石头，艰难地来到小溪边。随即，眼前的景象让小和尚惊呆了：在石头的重压下，昨日那些活蹦乱跳的小动物早已失去了原来的生命力。小鱼已经变得僵硬，在水面上翻着白肚皮；被困在原地挣扎的青蛙，也早已筋疲力尽，解开石头后，只能缓慢地跳动；蛇就更可怜了，不但浑身僵硬，而且撞得头破血流。

看着这些无故失去活力的生命，面对自己一时冲动所犯下的过错，小和尚悔恨交加，悲恸不已。

当小和尚因为一时的情绪失控而造成弥天大错时，想悔过却为时已晚，伤害已然造成。虽然情绪这匹野马很难驯服，但是，如果放任其自由不加控制，在伤害他人的同时，也会在自己心上压下一块巨石，而这块巨石也许会令我们背负一生。

很多人总是不把“情绪失控”当回事，结果酿成一个又一个的灾祸。

有一个杀人犯被判了死刑。在法庭上，他对法官说：“我不像您，接受过高等教育，我只是小学毕业！当我把老婆捉奸在床时，怒火中烧，一气之下杀了他们！我只是太冲动，无法控制自己的情绪罢了！”

这种说法是典型的“自我脱罪”。人们总是习惯把责任推卸到其他事物身上：“对方的行为令我气急败坏”、“我只是一时冲动”、“我的学识太低”、“放谁身上都无法忍受”、“我不是故意的”……一个人是否能控制自己内心的那匹野马，与外界因素没有任何直接的关系。

在情绪状态下，当我们的心理和行为发生剧烈变化时，“野马”往往会失去掌控，然后一失足成千古恨。生活中，我们会遇到各种各样的事，或者出其不意，或者晴空霹雳，或者措手不及。我们的情绪也随之跟着起伏，焦躁不安。

情绪每个人都会有，野马随时会撒野。问题是，我们难道要任其“肆无忌惮”、任由自己“弥足深陷”吗？显然，这是非常致命的。

那些不良情绪，最终会变成阻挡我们人生航程的黑洞。反过来，一旦我们妥善使用了这匹“坐骑”，人生就会变得美好起来。所以，我们必须学习如何驾驭身下的野马，使它臣服于自己。

不让情绪左右我们人生的唯一方法，只有成为情绪的主人。虽然，完全、

自如地控制情绪，是一件极难的事，但却是必须完成的一件事。

美国伟大的政治家富兰克林说："忿怒起于愚昧，终于悔恨。"让我们记住他的话。一个成功者，必然比常人更懂得控制情绪，更懂得为人处世。正如洛克·菲勒所说："很多成功人士都非常重视处理好与人相处的能力。如果能像糖和咖啡一样买得到的话，我会为这种能力多付一些钱。"非常可惜，这种能力金钱是买不到的。只有不断学习，在情绪经验中成长，我们才能获得这种能力。

"风吹屋檐瓦，瓦坠破我头；我不恨此瓦，此瓦不自由。"这是大诗人王安石写的一首诗。落下的瓦片砸到脑袋，任谁碰上这事，都会火冒三丈。但是，王安石却"不恨"，他认为，那片瓦没有自由，它是被风吹落的，小小意外伤害了我的头，不应该再让它伤害自己的情绪。于是，他心中那匹野马便停息了下来。

一个人不管多么聪明，多么能干，如果在控制情绪上不堪一击，如果不会为人处世，那么，只能慢慢走向失败。懂得驯服自己心里的野马，才能走得更远，才能淋漓尽致地展现人生价值。显然，王安石在情绪控制上，非常成功，他是一位很了不起的"骑师"。

罗伯·怀特曾这样说："任何时候，一个人都不应该做自己情绪的奴隶，不应该使一切行动都受制于自己的情绪，而应该反过来控制情绪。无论境况多么糟糕，你都应该努力去支配你的环境，把自己从黑暗中拯救出来。"

是的，情绪是一匹难以驯服的野马，然而，受制于情绪的人是不自由的。只有真正驾驭住这匹坐骑，才能获得内、外在的自由。要想成为自己命运的主宰，只有驯服情绪这匹野马，成为情绪的主人。

情绪，是我们生命中至关重要的一部分，它是我们的手足，是一种经验值，是累积而来的能力。当它成为人生道路上的阻碍时，我们将寸步难行。当它为我们服务时，人生将变得丰富多彩。

在情绪面前，如果你能做到举重若轻、拿捏得当，能做到"风欲动而幡自止"，那么你便驯服了它，你便战胜了自己。

2. 破解情绪的密码

情绪是我们生命的一部分，就像我们的手与脚、像我们积累的经验和知识一样，是可以为我们服务的。如果我们妥善发挥情绪的作用，不做情绪的奴隶，而成为情绪的主人，相信我们的人生是可以更美好的。

让我们静下心来，认真回顾一下是否曾经有过这样的经历：

为了工作勤勤恳恳却不被认可，这时候你是忍气吞声还是据理力争，或者干脆提交辞职报告？

因一时冲动和爱人吵架的时候，你是让自己先冷静下来还是喋喋不休指责对方以致感情破裂？

当你费尽心思为孩子指出一条学习的“捷径”，但是孩子却并不买账时，你该保持心平气和还是暴跳如雷？亦或是对他们拳脚相加？

这些表现不同的行为反应就是“情绪”！情绪是无形的，但它又与每一个人如影随形。

一般来说，情绪影响着身体，又决定着人们日后能否做到成功。

对于情绪的生理反应有如下七种：喜、怒、悲、恐、忧、思、惊。在行为、身体动作上，如果表现得非常强烈，那么就能说明他的情绪的强弱。如人们在欢喜时手舞足蹈，发怒时咬牙切齿，忧虑时茶饭不思，心痛时大声哭喊等，这些都是情绪在身体动作上的反应。

对有些人而言，情绪是对工作充满的孜孜不倦的热切追求，是对生活充满的殷殷期盼的奋力拼搏，是对自我充满的坚持不懈的竭力完善。当然，个别人要具体分析，因为有些人是比较抵触这种情绪的发生的，他们视情绪为洪水猛兽，唯恐避之不及！

在一个公司里，时常能够听到上司对下属说：“上班时间不要带着情绪。”在家庭中，经常能够听到妻子对丈夫说：“不要把情绪带回家。”在学校里，经

常能够听到老师对孩子们说："不要因为同学间产生的矛盾而耽误学习。"等等，诸如此类的话不胜枚举。

这些话表现出了，在我们潜意识里其实对情绪充满了恐惧与无奈。所以，很多人在坏情绪来临时选择了不恰当的处理方式，办事莽莽撞撞，轻者影响了能力的正常发挥，重者还会使得人际关系受损，若是长时间想不开，还导致萌发身心疾病。

由此可见，良好的情绪是我们成就自我，实现美好人生的铺路石；相反，不好的情绪则很可能是绊脚石。

换句话说，情绪影响着我们的行动，会给我们带来不同的生活。情绪时常不好的人，往往先被自己打败，然后被生活打败；总能保持良好情绪的人，常常能够战胜自己，然后战胜生活。在情绪不好的人眼里，原来可能的事也能变成不可能；在情绪良好的人眼里，原来不可能的事也能变成可能。

1980年美国总统大选期间，在一次对整个美国来说都非常重要的电视辩论中，里根被竞选对手卡特羞辱，卡特抓住里根当年当演员时的生活作风问题，对他发起了猛烈的攻击。

卡特本以为里根会为此恼羞成怒，但令他没有想到的是，此时，里根却没有丝毫的愤怒，只是微微一笑，然后慢条斯理地说："你又来这一套了。"当卡特听到里根这种异常淡定又很诙谐的回答后，着实大吃了一惊，当时听众们被里根惹得哈哈大笑起来，并为他的精彩回答热烈鼓掌。

里根用这种良好的控制情绪而又不乏幽默的方式，为自己赢得了更多选民的信赖和支持，但是想要羞辱里根的卡特却陷入了尴尬境地，而最终，也是能够冷静处理各种问题的里根获得了胜利。

从上面这个故事中，我们不难看出，冷静地处事是何等重要。这不仅表明对自己的了解程度，还意味着一个人的成熟度。

情绪决定成败，这是生活的哲理。一个人的成功首先来自于其自我情绪的完善，而并非他的才能。一位著名的美国心理学家提出：一个人的成功，只有

20% 是靠智商，而 80% 是凭借情商获得。情商管理的理念即是用科学的、人性的态度和技巧来管理人们的情绪，善用情绪带来的正面价值与意义帮助人们成功。

当然，我们无法使自己时时刻刻都保持良好的情绪，诚如美国心理学家南迪·内森指出：一般人的一生平均有 30% 的时间处于情绪不佳的状态，每个人都不可避免地要与消极情绪做持久的斗争。

人是情绪的动物，所以我们每一个人都始终处在一定的情绪之中，也许平静，也许兴奋，也许快乐或悲伤。我们会因一些事情而满怀喜悦，也会因一些事情而烦恼万分。有句话说得好："生活中并非全是玫瑰花，还有刺人的荆棘。"

其实，喜、怒、忧、思、悲、恐、惊，乃人之常情，这就需要我们正确地调节自己的情绪并理解他人的情绪。如果实现这一点，我们就能够生活得舒心，工作得顺心；而若是错误表达自己的情绪，忽视甚至误解他人的情绪，则很可能招致无法估量的损失。

一个人有时心情不好是难免的，但是，生活中的成功者，往往懂得调节和控制自己的情绪，做情绪的主人。而要想调节和控制自己的情绪，我们首先要做到对自己的情绪有所了解。

但很多人对自己已经处于一种不良的情绪状态一无所知，结果不仅影响了工作绩效、同事关系，甚至还影响到家庭和睦与幸福。那么，我们如何才能知道自己有情绪呢？不妨通过下面几个方法来揭晓答案：

1. 情绪记录法

经常用纸笔或者用电脑记录下自己的情绪。你不妨抽出一至两天或一个星期的时间，有意识地留意自己的情绪变化过程，可根据情绪的类型、时间、地点、环境、人物、过程、原因等项目为自己列一个情绪记录表，记录下自己情绪比较详细的情况。到时候回过头来看看记录，你定会有新的感受。

2. 情绪反思法

记录了情绪后，最好要针对情绪记录表时常反思自己的情绪，也可以在一段情绪过程之后判断自己的情绪反应是否得当。思考为什么会有这样的情绪？有什么消极负面的影响？今后应该如何消除类似情绪的发生？如何控制类似不良情绪的蔓延？

3. 情绪恳谈法

你可以寻找恰当的时间和家人、上司、下属、朋友等进行恳切的交谈，征求他们对你情绪管理的看法和意见，借助他人的眼光认识自己的情绪状况。

4. 情绪测试法

现在有专门的情绪测试软件，你可以借助这一工具对自己的情绪进行检测。另外，也可以找专业人士进行咨询，获取有关自我情绪认知与管理的方法建议。

诚然，我们每一个人都对幸福的生活充满着无限的向往，谁都不愿经历痛苦、悲伤，或是恐惧、愤怒。可是，情绪就像我们的影子，不可能从我们的生活中消失，而我们能做的，需要做的，就是如何能在情绪的世界里让自己及周围的人们，生活得更快乐，更美好。

正如一位哲人所说：一个人的心态就是他真正的主人，要么让自己去驾驭生命，要么让生命驾驭自己，而自己的心态将决定谁是坐骑，谁是骑师。

3. 如何觉察自己的真正情绪

弗农·霍华德说："对消极的情绪有一个明确的了解，就可以消除它。"我们在平时必须学会去累计自己的情绪经验，以便在情绪爆发时迅速觉察。

对于我们自己来说最大的陌生人不是别人，而是自己。因为，对自己，我们总是不够了解。比如，当我们肚子饿的时候，别人跟自己说话，我们就会变得毫无耐心，比平时更容易发脾气。我们大多数人都会把外界的因素看成自己发脾气的原因，而不会想到自己的心绪不宁，跟本身的五脏六腑也有密不可分的关系。

连五脏六腑是如何过日子的，都不清楚，自己那变幻莫测的情绪，则更难以察觉了。

显然，人们总是更容易了解他人，要想看到自己内心真正的情绪，却相当困难。所谓旁观者清，当局者迷。当别人需要我们为其做出一些判断时，倒是更得心应手；可是，当自己面临一些抉择时，则左右为难、犹豫不定。

为什么我们不容易了解自己的情绪？因为大家的眼睛都是往外长的，总是习惯把焦点放在外面的世界，认为那才是真实的，以致只能看见外在刺激我们的那些东西，而不去正视、了解自己心理的变化。

当外部环境发生变化时，一旦我们被其干扰，就会给自己的心里带来刺激，情绪也就自然而然会被影响。

1965 年 9 月 7 日，美国纽约，世界台球冠军争夺赛正在如火如荼地进行着。选手路易斯·福克斯洋洋得意，胸有成竹。因为眼下他的成绩一马当先，胜券在握。只要一切顺利，他的发挥也正常，再拿几分他就可以戴上胜者的桂冠。

然而，正当他摩拳擦掌，准备毫无悬念地拿下比赛，迈向宝座时，一件出人意料的小事出现了：一只苍蝇碍事地落在了主球上。

福克斯毫不在意地挥了挥手，试图赶走苍蝇，随即俯下身，准备最后一击。可是，当他目光炯炯地盯住主球时，那只被赶走的苍蝇又飞回到了主球上，他不耐烦地挥了挥手，再次赶走它。

见此，现场的观众当即爆发出了一片笑声。当福克斯准备待续，正要再次俯身时，那只阴魂不散的苍蝇又出现了，好像要故意和他作对似的，稳稳地站在了主球上。

就这样，福克斯和苍蝇之间的来来回回，引得观众席上的人笑得前仰后合。

当然，福克斯完全笑不出来，他的情绪恶劣到了极点。当那只苍蝇再次出现在主球上时，福克斯终于失去了最后一丝理智，他恼怒地举起球杆，去攻击

苍蝇，而球杆一不小心碰动了主球。他被裁判判为“击球”，就此失去了一轮赢得胜利的机会。

见状，原以为败局已定、无力回天的对手约翰·迪瑞信心大增，愈战愈勇，接连过关斩将。而福克斯却方寸大乱，在极度恼怒和失利情绪的影响下，连连失利。约翰·迪瑞很快便后来居上，胜过福克斯，赢得了世界冠军的头衔。

福克斯颓丧地离开了赛场。第二天早上，人们在河里发现了他投水自尽的尸体。所有人扼腕长叹、唏嘘不已：一只微不足道的苍蝇，竟然击败了一个所向披靡的世界冠军。

击败路易斯·福克斯的真的只是一只苍蝇吗？不，真正的罪魁祸首是——负面情绪。他把所有注意力都放在了外在事物——苍蝇上，而没有觉察到自己的情绪起伏。

当一个人发生情绪变化时，注意力通常都会放在引起情绪波动的事情上，陷入情绪漩涡之中。待到事后，才觉察到自己失控的情绪，可是，悔之晚矣。同样的事情，也发生在我国男子跳水选手王克楠的身上。

在2004年的希腊雅典奥运会上，彭勃和王克楠成功进入了男子双人3米跳板的决赛。

当时，他们的成绩遥遥领先，在那种优势下，就算最后一跳他们出现一些失误，也能稳拿冠军。

然而，王克楠却出了大状况。由于是第一次参加奥运会，他的情绪波动很大，一会儿兴奋，一会儿紧张。结果，他发生了重大失误——竟然直接从跳板上摔入了水中。

这种失误，对于一个专业跳水运动员而言，是根本不可能出现的。

由于没有控制好自己的情绪，王克楠与奥运冠军失之交臂，留下了一辈子的悔恨。可见，有效控制情绪实在是事关重大。

一个人如果身处负面情绪之中，就无法掌控自己的情绪，麻烦就会接踵而来，就将失去充分发挥自己能力的机会，就会给自己的人生留下遗憾。愤怒、不知所措、兴奋过度、紧张……这些都是会影响行为的负面情绪。

弗农·霍华德说：“对消极的情绪有一个明确的了解，就可以消除它。”是否能有效控制、消除自身的情绪，关键在于自我觉察。如果路易斯·福克斯和王克楠能够觉察自己的情绪变化，就能清楚认识自己情绪的源头，从而及时调整这些消极情绪，树立健康有利的积极情绪，也就不会留下终生的遗憾。

那么，当我们遇上意外的突袭时，该如何觉察内心真正的情绪呢？

第一步，按住情绪的“暂停”键。因为，在失去理智的情况下，只有告诉自己“暂停”，我们才能把注意力从外面拉回来。当一个人总是让自己的情绪顺着环境的变化而变化时，外在环境就控制了一切，我们也就失去了自主性，就会被突发状况玩得团团转，导致情绪失去控制，在我们体内“横冲直撞”。

第二步，在内心，我们必须勇于承认有某种情绪的存在。比如，你要是害怕黑暗，就要承认自己对黑暗的恐惧心理。假如因为觉得不好意思等心理原因而否认，不去正视，那么你便无法觉察真正的情绪，情绪也就会失控。

第三步，我们需要采取情绪反刍的方式，去观察自己的情绪，用当下的情绪去联想过去的诸多情绪状态，结合目前遇到的状况，去慢慢地重新回顾曾经所经历过的各种情绪。这样，便能提高认知，使自己的心态变得平和。

第四步，在心态平和，重回理智后，就该寻根溯源。当我们觉察到自己的情绪时，一旦气愤，就问问自己为何要愤愤不平？一旦伤心，就问问自己为何要郁郁寡欢？如果只是因为本身的想法而引起的情绪变化，那就问一问自己，是不是太钻牛角尖、太顽固不化了？

除此之外，我们在平时必须学会去累计自己的情绪经验，以便在情绪爆发时迅速觉察。

其一，多多总结过往的各种情绪和行为。所谓温故而知新，总结经验教训可以促使我们更了解自己内心的情绪反应模式和原因。比如，独处时，选定一种情绪状态，去联想过去相关的一些事件，把所想到的事，不加筛选、不做逃避地大声讲出来。

其二，把每天的情绪记录在案。这是了解自我真实情绪的一个好方法，可以增加对情绪的认识和觉察。比如，我们可以抒写个人的心情日记，以便了解自己真正的情绪和想法。

总之，在生活中，我们要养成关注情绪的好习惯，以便适时觉察到自己的真正情绪。如果我们被激怒，心中塞满怒气，怀着情绪冲动处事时，我们要能觉察到负面情绪的存在，然后保持理性。只有这样，才能顺利度过情绪失控这个坎。

4. 不要让情绪成为你的风向标

是的，我受到刺激了，但是要冷静下来，这样才能保持优雅，胜利才会属于我！烦躁、愤怒只会扰乱我内心的湖水，只会在我脸上留下难看的痕迹，只会令我受人嘲笑。

对于忙碌的现代人来说，在繁重的家庭压力和事业压力面前，往往身心疲惫。生活中，也难免会遇到各式各样的挫折和委屈，情绪也随之变得起伏不定。情绪，俨然成了我们的风向标，随着外界因素的影响而指向不同方向。

当我们处于情绪状态变化下，作为当事人，喜、怒、哀、乐等不同的情绪，自己是完全可以感觉得到的。虽然情绪状态的变化是客观存在的，但是，是否表现出来，把它公之于众，则是一种非常主观的举动。

通过察言观色，外人可以间接揣摩到一些当事人的情绪，但是无法直接地感同身受。当我们在遇到引发情绪之事时，在心里，自己就会和情绪这匹野马对抗，而它的每一跳、每一个步伐、每一次嚎叫，只有在马背上的自己最清楚，也只有自己才能去引爆炸弹。

一个绝对成功的人，一个能够给周围带来快乐的人，绝不会轻易在他人面前，表露出任何愤怒、烦躁、抱怨等负面情绪，哪怕是言语上的一点点，或者，行为上的蛛丝马迹。因为他们明白，只要有一点点的负面情绪，就会破坏个人形象，就会受制于情绪，他们绝不允许情绪成为自己行为的风向标。

有一次，美国陆军部长斯坦顿，被一位少将指责他袒护他人，而少将的话语间带有强烈的侮辱性言语。斯坦顿非常气愤，他跑到总统林肯那里，气呼呼地叙述了这件事。林肯听完后，建议斯坦顿写一封信回敬那位少将，信的内容一定要尖刻、不留情面。

“你可以狠狠地痛骂他一顿。”林肯说。

听后，斯坦顿觉得这个办法非常解恨，他当即写了一封言辞犀利的信，拿给林肯看。

“很好，很好。”林肯高声叫道，“就是这个腔调！好好教训他一顿，写得真是太绝了，斯坦顿。”

斯坦顿很高兴，立马把信叠好，装进一个信封里。这时，林肯却喝止他：“你要干什么？”

“把信寄出去呀。”斯坦顿一副丈二和尚摸不着头脑的样子。

“别胡闹了。”林肯对他说，“这封信绝不能寄，马上把它扔进火炉里去。那些生气时写的信，我通常都是这么处置的。这信，写得不错，在写的时候你已经发泄了，现在感觉好些了吧？那么就请你毁掉它，再写第二封吧。”

林肯知道斯坦顿的愤怒情绪情有可原，他可以帮助斯坦顿找一个无伤大雅的方式，去解气，去泄愤。但是，他也非常清楚：适可而止。一个人应该学会去主宰自己的情绪，而不是让情绪成为自己的风向标，盲目跟着情绪走。

我们始终要明白这样一点：我们去愤怒、去暴躁是有理由的，但却是无济于事的。

也许我们经历了很多挫折，在心里有太多的委屈和不快，甚至承受着太大的压力，而这一切，很容易成为我们动怒的祸首。

可是，在我们生完气后委屈并没有因此而减少，挫折感还是在那里折磨人，而压力却可能越来越大……显然，一切都没有因为我们把情绪发泄出来而让事

情向好的方面转移。可见跟着情绪走是无用的。

很多人可能会说，人是感情动物当然会受情绪的影响。高兴了就乐；伤心了就悲。这难道不是人之常情吗？没错。但是，情绪 ABC 理论的创始者，美国心理学家阿尔伯特·艾利斯认为：正是由于那些常有的不合理的信念，才使我们产生情绪困扰。如果这些不合理的信念长时间地积累，还会引起情绪障碍。

生活中，有哪些常见的、不合理的信念呢？

1. 生活中，人就应该得到那些对自己最重要之人的喜爱和赞赏；

2. 一个人若有价值，在各方面都应比他人强；

3. 一切事物，都应朝自己的意愿发展，要不然会很糟糕；

4. 人们应该担心灾祸随时可能发生；

5. 情绪由环境控制，自己无能为力；

6. 既定的事，将无法改变；

7. 碰到的任何问题，每个人都应该有一个准确、完满的答案，一旦无法找到它，便不能容忍；

8. 应该给予不好之人以严厉的惩戒和制裁；

9. 逃避远比正视，要容易得多；

10. 要找一个强于自己的人做靠山。

这些不合理、不理智的信念，总是会给我们指错方向，导致我们的情绪走向负面。而我们只有树立正面的信念，才能激励我们的情绪，从而走出困境。

沙漠里，一场巨大的风暴突如其来。一位独自跋涉的探险家，在风沙中失去了方向，最可怕的是，装粮食和水的背包也遗失了。

探险家懊恼万分，他把身上的所有口袋都翻遍了，只找到一个半生不熟的青苹果。虽然只是一个苹果，探险家还是惊喜万分地叫道：“感谢上帝，我还有一个苹果！”他擦了擦苹果，小心翼翼地握紧苹果，继续在沙尘中艰难地找寻出路。

就这样，一步一个脚印，艰难地向前走着。

一个昼夜过去了，探险家仍旧没有走出一望无际的荒漠。疲惫伴随着饥饿和饥渴，他觉得自己快要撑不下去了。

可是，只要看一眼手中的那个青苹果，探险家便再次有了力量。他抿抿干裂的嘴唇，继续前行，心中不断默念着："我还剩一个苹果，我还剩一个苹果……"

3 天后，奇迹出现了！探险家走出了沙漠，那个救命苹果，已然干枯得失去所有水分，而他始终没有咬上过一口。

在生命的路程中，各种挫折和失败总是层出不穷。一旦遇到，我们总是会轻易把"我什么都没有了"、"人生已经没有希望"、"我将变得一无所有"类似的话说出口，情绪随之变得消极，然后真的走向绝境。其实，人生的道路上布满沙漠，每一个人都会有一个属于自己的"青苹果"。关键看自己怎么看待了。

当我们把苹果看成希望时，那么在心里就会产生积极情绪，鼓舞自己。当我们把苹果仅仅看成一个苹果时，那么情绪将变成我们的风向标，控制我们的人生。

那么，如何才能矫正自己那些不合理的无用信念呢？当情绪正变得低落时，便自我告诫：

1. 生气、暴躁、懊恼都是有理由的，但与我有何助益呢？既改变不了事实，还破坏了个人形象。我是个聪明人，怎么能干这种"赔了夫人又折兵"的傻事呢？

2. 生活不可能事事如我意，要学会因地制宜地处事。如果事情无法控制，那么就泰然处之，万事莫急。只要我的内心平静如水，那么生活中的纷乱和烦恼将不能再干扰我，只有庸人才会自扰。

3. 是的，我受到刺激了，但是要冷静下来，这样才能保持优雅，胜利才会属于我！烦躁、愤怒只会扰乱我内心的湖水，只会在我脸上留下难看的痕迹，只会令我受人嘲笑。

4. 没有人可以得到所有人的喜爱，没有人可以做到最好，凡事不可强求，只要尽力，问心无愧就可以了。

5. 我才是情绪的主人，我的情绪我做主！

世界第一成功导师、潜能开发大师安东尼·罗宾斯说道："成功的秘诀就在于懂得怎样控制痛苦与快乐这股力量，而不为这股力量所反制。如果你能做到这点，就能掌握住自己的人生，反之，你的人生就无法掌握。”

所谓痛苦与快乐的力量，就是情绪的力量。可见踏上成功之路的第一步，便是控制情绪，不让情绪成为自己的风向标。

5. 好情绪带你上天堂，坏情绪让你入地狱

生命的本质在于追求快乐，使得生命快乐的途径有两条：第一，找到使你快乐的时光，增加它；第二，找到使你不快乐的时光，减少它。

——亚里士多德

在日本，有一则非常古老的禅语故事：

有一个争强好斗的武士，向一个智慧的老禅师求教“天堂”和“地狱”的深层意义，老禅师不屑一顾地说：“你不过是一个粗鄙之人，我没有闲情逸致与你这等人论道。”

武士一听，顿时恼羞成怒，“嗖”的拔出剑，吼道：“老头你太无礼，看我不杀了你！”

禅师不动声色道：“这便是地狱。”

武士愣了愣，随即恍然大悟，怒气全消，平和地收剑入鞘。然后，深深地鞠了一躬，以谢老禅师指点迷津。

禅师又道：“这便是天堂。”

罗伯顿曾说：“如果世界上有地狱的话，那就存在人们的心中。”

英国诗人约翰·弥尔顿也说：“心灵是自我作主的地方。在心灵中，天堂可以变成地狱，地狱可以变成天堂。”

当武士气愤难当，拔出剑时，代表了他的内心正带领他走向地狱；当他心

平气和，收起剑时，天堂的大门便打开了。

在现代心理学上，通常把人的基本情绪分为九类：兴趣、愉快、惊奇、悲伤、厌恶、愤怒、恐惧、轻蔑和羞愧。第一类和第二类的兴趣和愉快，属于正面情绪，第三类惊奇，属于中性情绪，其余的六类则都是负面情绪。

通俗来说，在人类这九类基本情绪中，有两类是好情绪，有七类是坏情绪。日常生活中，人们经常会受到这两种情绪的影响。

好的情绪，可以带给人们幸福、快乐的感受，比如兴奋、愉悦、希望、勇敢等。这些情绪会对生活起到有益的推动作用，可以让人信心百倍，以热情的态度去应对生活、工作上的各种事。这便是心理学上说的积极情绪。

另外有一些坏情绪，比如悲痛、惊慌、恼怒、忧郁、沮丧、不满、失望等。它们会使人意志消沉、萎靡不振，给人带来一些糟糕的负面影响，令人在生活、工作上，迷失方向，失去目标。这些情绪就是消极情绪、不良情绪。

从上面我们可以看出，一个人的负面情绪占绝对多数。因此，人们在不知不觉中，就会踏入不良情绪的失控状态。自己若不能及时抛开它们，那么毫无疑问就会被困扰，并且无法真实表现出自我，甚至对于愉悦、兴趣这些好情绪，也会慢慢忽视掉，一步步走向绝望。

曾经有一位叫阿维森纳的阿拉伯学者，做了一个实验。

他把同一胎的两只小羊，放在两个不同的环境中生活：一只跟着羊群在草地上无忧无虑地生活；另一只小羊的旁边却被拴着一头恶狼，无时无刻不受到近在眼前的猛兽的威胁。

在担惊受怕的情绪下，小羊每天食不下咽，夜不能寐，不久便在惊恐中死去了。

心理学家还利用动物，做了一个嫉妒情绪的实验：在一个铁笼里关进一只饥饿的狗，让另一只狗在铁笼外当着它面啃肉骨头。

在焦躁、愤恨和嫉妒的负面情绪下，饿坏的狗产生了神经性的病态反应。

这充分证明：焦虑、惊恐、抑郁、愤怒、嫉妒、敌意等坏情绪，是一种破

坏力强大的感受。如果长期被这类情绪困扰，就会导致严重的心理问题。

情绪，对动物的影响尚且如此之大，何况是对于感情丰富的人类呢？

坏情绪不止侵扰着我们的心理健康还威胁着身体健康。癌症以及其他一些危险疾病都与坏情绪脱不了关系。世界卫生组织在1989年，这样定义人类的健康：健康不仅是指没有疾病，还包括生理健康、心理健康、道德健康和社会适应良好这四个方面，这便是健康四维观。

马斯洛是美国著名的心理学家，他说道，所谓健康有三个标准：一、充足的自我安全感；二、生活理想符合实际；三、人际关系保持良好。

如果你一天到晚抱怨周围的人、事、物，那么你就该调整一下心态了。为何要调整？因为对于身心健康，情绪有着巨大的作用。

美国加利福尼亚大学教授诺曼，在40多岁时，患上了一种叫“胶原病”的疾病。

医生定论，这种病康复的几率是五百分之一，几乎为零。但是，诺曼教授并没有失去希望。

他遵照医师的叮嘱，经常看一些搞笑、有趣的文娱类节目。有时他会因为一个脱口秀而捧腹大笑，有时会因为一段故事而会心一笑。除了观看具有趣味性的节目，他还会特意和家人一起逗逗乐。

一年后，医师对诺曼教授再次进行了血沉检查，发现指标显现好转的迹象。两年后，神奇的事发生了，他身上的胶原病竟自行康复了。

为此，诺曼教授亲笔写了一本《五百分之一的奇迹》的书，在书中他提到：“……如果消极情绪会引起肉体的消极化学反应的话，那么，积极向上的情绪就可以引起积极的化学反应……爱、希望、信仰、笑、信赖、对生的渴望等，也具有医疗价值。”

中外的很多心理学家和运动学家都认为，一般性的笑，可使隔膜、咽喉、腹部、心脏、两肺，甚至肝脏，都能做一次短暂的运动。而捧腹大笑，还能牵扯脸部、手臂和双腿肌肉的运动。当笑停下之后，脉搏的跳动会比正常频率低，骨骼肌也会变得更加松弛。

由此看来，为了身心健康，我们必须塑造阳光心态，把好情绪调动出来，使自己经常处于正面、积极的情绪之中，带动心情保持一种充满活力的向上力量。这样，我们就能远离心里的地狱，走上沉着、欢愉、生机勃勃、冷静的天堂之路。

亚里士多德说："生命的本质在于追求快乐，使得生命快乐的途径有两条：第一，找到使你快乐的时光，增加它；第二，找到使你不快乐的时光，减少它。"

为此，我们总结了几个告别坏情绪的小动作，大家不防在坏情绪即将来临时做一做。

1. 强颜欢笑

当遇上挫折或不如意，心情抑郁、失落沮丧或心里压力大时，强迫自己绽放笑颜，这有助于排解负面坏情绪，有益身心。

2. 整理房间

凌乱不堪的空间，往往会令人心神不宁。因此，为了改善坏情绪，可以抽出一些时间收拾一下自己的房间或办公室。比如，把零散的物件各归各位，把桌子上的东西摆放整齐等。

3. 使用"蓝色"

为什么当人们仰望蓝天，心情会倍感轻松呢？因为蓝色是一种纯天然的心情"舒缓剂"。与此相对的，橙色刺激性最强，黑色易引起怒气。所以，我们可以在生活中多使用一些"蓝色"，比如穿蓝色衣服，挂蓝色窗帘等。

4. 哼歌唱歌

唱歌，可以调整呼吸，使整个身心都跟随节奏而运动、放松。不管是独自哼唱或是以歌会友，还是静静地聆听歌声，都有助于调动好情绪。在英国有一所音乐治疗中心，那的临床医师表示："最简单的改善心情之法，便是唱歌。"

5. 巧吃巧闻

把苦和甜、软和硬等不同味道的食材相结合，使味蕾感受到新鲜感，从而改善心境。比如在咖啡中加点橙汁，爆米花和开心果同吃。

美国俄亥俄州立大学研究证实：柠檬香味，具备解忧、安神和止痛之疗效。柠檬香能增加血液中能量激素“正肾上腺素”的浓度。

6. 抚摸宠物

多项研究发现，抚摸猫、狗等动物具有降低血压和稳定心率的效用，甚至减低心脏病等疾病的发病几率。英国心理学家德博拉·韦尔斯研究得出：人与动物亲密接触，有助于安抚心灵，缓解压力，促生好情绪。

英国诗人惠特曼说：“面对太阳，阴影将落在你的背后。”人的情绪千变万化，好与坏的不同，全在于自己如何选择。天堂还是地狱，只在我们一念之间。

6. 调控情绪也是一种智慧

每个人都有七情六欲，都会遇到挫折和不如意，都会莫名地情绪低落，也难免情绪失控。控制情绪，是一件很复杂的工程，它不仅是一门学问，也是一种智慧。

美国一广告公司的部门经理罗伯特，在工作上很出色，凡事都能应付自如。这完全得益于他对情绪的出色控制。

某天开会前，他突然感到心情低落、意志消沉。通常碰上这种情况，他会避不见人，直到情绪恢复正常为止。

但是，这天他正好要在会议上与一位重要客户见面，所以不能缺席，不能有任何坏情绪出来作怪，脸上也不能露出萎靡不振的神情。于是，为了控制自己的情绪，在会议上，他强迫自己表现得笑容可掬，装成一副心情非常愉悦而又和蔼可亲的样子。

令人叹奇的是，通过这一番心情“装扮”，罗伯特竟获得了意想不到的结果——随后不久，他发现坏情绪悄悄地溜走了，自己真的不再抑郁。

对此，罗伯特的朋友，一位心理学专家指出：在无意中，罗伯特聪明地运用了一项心理学上的重要定律，一个人只要装作某种情绪，模仿着某种情绪就能帮助他真的产生这种情绪。可见，调控情绪，并不能依赖外界环境的改变，也不能逃避，而要灵活机动，善用智慧。

情绪或者行为的改变，并不是说变就变、想变就变的“瞬间”现象，而是存在一个心理变化的内在过程。随着性别、职业、年龄、性格等因素的千差万别，情绪变化的程度、时长会随之不同。每个人应对情绪变化的能力也与人的情绪智慧紧密相连。

世界华人智慧女性领袖联合会会长高非说：“情绪智慧是决定人一生当中学业、工作、婚姻、家庭、健康与成就的重要指标。”

美国《Primal Leadership》一书的作者丹尼尔·格尔曼、里查德·博亚特兹斯和安妮·麦也指出，平庸的领导人和卓越的领导人，这两者间的区别在于是否掌握“情绪智慧”，只要能够提高它，就可以帮助我们有效控制情绪达到最好的心境。

简单来说，情绪智慧不仅联系着对外关系，也是一种对内自我掌控的能力。它被细分为十九个方面：情绪自我认知、准确自我评估、自信、自我管理、情绪自我控制、表里如一、适应力、主动性、同理心、企图心、团队认知、服务、乐观、激励式领导、影响力、引导他人的能力、做变革的触媒、无冲突管理、建立团队合作。

作为一个管理者，如果具备的情绪智慧高，便可以发挥出自己独特的领导风采和领袖魅力。我们完全可以把这 19 个方面作为根据，进行自我评估，看看自己是否具备足够的“情绪智慧”去调控自己的情绪。

情绪控制，是一件很复杂的工程，并非只是人的自制力大小那么简单，它不仅是一门学问，也是一种智慧。

我们可以去书上找寻控制情绪的良方，然后去学习、去调节，但是只有当我们真正用智慧去融会贯通时良方才能起到最佳疗效。

看看专家是如何“用脑子”去调控情绪的：

1. 转移焦点，视野开阔一些

当一个人情绪激动或陷入低谷时，为了不使它突然爆发和失去控制可以有意识地转移自己的注意力，把关注的焦点放到一些其他令人愉悦的事物上去。

在《禅海珍言》中有一位老太太，住在京都南禅寺外，大家都叫她“哭婆”。她雨天也哭，晴天也哭，每天愁眉不展，吃不下饭睡不着觉，终于积忧成疾。

南禅寺的一个和尚知道了，便问她：“您为什么总是哭呢？”

哭婆留着眼泪说：“我有两个女儿，大女儿嫁给了一个卖鞋的商人，小女儿则嫁给了一个卖雨伞的。天气晴朗的时候，太阳一出来，我就开始发愁，这么个大晴天，谁还去买我小女儿的伞呀。下雨的时候，我就又要为大女儿担心，一下雨她的鞋怎么办呢。你说，我怎么能不伤心难过呢？”

和尚听了，便劝哭婆道：“天晴时，你应该想一想，大女儿的鞋店一定生意红火；下雨时，你应该庆幸小女儿的雨伞必然卖得很好。总之，你怎么样都该高兴才对。”

哭婆一听，恍然大悟，顿时心情舒畅了。此后，虽然生活照旧，但是，由于焦点被转移，观察生活的角度变了，情绪也变了。从此，吃得香，睡得甜，“哭婆”变成了“笑婆”。

这便是转移焦点法对情绪的改变。

美国第三任总统托马斯·杰斐逊曾告诫孙子道：“当你气愤时，从1数到10；假如怒火还在燃烧，那就数到100。”孙子听了他的方法便照做了，果然，再与别人发生冲突的事越来越少，与同学相处得也越来越和睦了。显然，提高情绪智慧，对一个人的成长健康非常有利。

2. 找到一个出口合理发泄

一旦负面情绪爆发，若想当即令情绪得到有效缓解，最好的方式就是为它找到一个适当的排出口，痛痛快快地发泄出来以缓解不良情绪。

当水库的水位超过警戒线时，水库就会自我调节、自动泄洪，此时一旦没有泄洪，反而继续不停地进水，水库就会崩溃。心理分析大师弗洛伊德就用水库的这种现象很形象地来形容我们的情绪，他说："每个人的心里仿佛都有一座情绪水库，当负面情绪出现时，情绪水库就会涨起一些，一旦情绪水位到达警戒线，人们就会开始情绪失控。这时，情绪便需要一个发泄的出口。"

比如，在情绪低落的时候，听听音乐、看看书，或去跑跑步；在感到寂寞的时候，与朋友聊聊天；在陷入焦虑的时候，向亲人倾诉，或者将自己的感觉写下来，再跑去一个空旷之地大声叫喊出来；也可以大哭一场，大睡一觉，击打玩偶之类的东西以尽情发泄，直到负面情绪变得"筋疲力尽"，正面情绪渐渐产生。

曾经，有一个国王长了一对驴耳朵，这个秘密只有一个人知道，那就是他的理发师。国王命令理发师发誓，绝对不泄露半句，否则小命不保。日子一天天过去了，理发师始终不吐露只言片语，但是这个秘密令理发师憋得心慌，几乎要发疯了。

之后，他找到了一个两全其美的方法：找一块空无一人的地，挖一个大洞，对着洞，大声喊"国王长了一对驴耳朵"。发泄完后，心里终于宁静了。

当找到一个情绪出口时，我们的敌人——负面情绪就会落入圈套，烟消云散。

3. 理智控制，加一点点智慧

如果把情绪比作肆虐的"洪水"，那么理智就是一道固若金汤的"闸门"。一旦出现不良情绪，我们要冷静地调动这道"理智闸门"的防守力，控制住来势汹汹的"情绪洪水"。

如何控制？

比如，我们可以把那些"期望达到的效果"和"害怕承担的后果"，一一写在纸上，并按程度排列下来。然后，从程度最轻的开始，面对害怕的后果，对自己说"即使如此，天也不会塌下来"；面对想要达到的，则劝诫"即使不行，

目前的现状也不赖”。

当我们在一时冲动下，出言不逊或拳脚相向时，要用理智警告自己：我的恶言可能会成为一把匕首，误伤他人；我的拳脚，可能会令我失去一分真正的友情，让理智的闸门止住情绪的洪水。

英国诗人约翰·弥尔顿说：“一个人如果能够控制自己的激情、烦恼和恐惧，那他就胜过国王。”

7. 要获得情绪安定，先培养成熟品质

没有超然的信念、性情和品格，才华也将失去用武之地。古人说：“养生，贵在养心。”这个心，指的不仅仅是一个平和、乐观的心态，还有一份成熟的信念和品质。

有一个脾气暴躁的小男孩，他不懂得如何掌控自己的情绪，不管是在家里还是学校里，动不动就跟人发脾气，非常不讨人喜欢。虽然事后他会为之懊恼、后悔，但总是恶习难改。

一天，小男孩的父亲把他带到后院，递给他满满一口袋钉子，然后指着院子里的围栏说：“孩子，记住了，每当你想要发脾气的时候，就从口袋里拿出一颗钉子，把它钉在围栏上。”

第二天，父亲发现，围栏上被足足钉了26颗钉子！之后，父亲每天都会去看一眼，他发现，每一天钉的钉子数量在下降。

终于有一天，小男孩高兴地对父亲说：“爸爸，我发现比起费力地钉钉子，控制自己的情绪好像更容易些。现在，不管其他孩子怎么招惹我我都不会乱发脾气了！”

父亲摸着小男孩的脑袋又建议道：“现在咱们玩另一个游戏，从今天开始，

只要你能控制住自己的情绪，一天不发火的话你就去拔掉一颗钉子。”

一天天过去了，最后，小男孩自豪地告诉父亲：“我终于把所有钉子都给拔出来啦！”

这位父亲也很高兴，他牵起小男孩的手，重新来到后院，指着围栏说：“好孩子，你现在仔细看看围栏上那些钉子留下的洞。知道吗？就算你把钉子都拔走了，围栏也无法恢复如初了。你发脾气时造成的后果，就像这些钉子留下的疤痕一样难以磨灭。”

小男孩低下了头沉默了……

也许我们只是不经意地发了一通脾气，过后就像是没发生过，但是发脾气造成的结果是实实在在存在的，而且难以磨灭。那拔去钉子留下的孔就是再形象不过的说明。

很多人在爆发情绪后，都会反省，会叮嘱自己“下次注意”。但是想要下次让情绪变得安定，却总是非常困难。这就是因为自控能力不足等个人品质问题造成的。故事中的小男孩，正是因为品性不够成熟，才致使他无法自控。

古人说：“养生，贵在养心。”这个心，指的不仅仅是一个平和、乐观的心态，还有一份成熟的信念和品质。

著名情绪管理理论——情绪 ABC 理论，强调了在情绪管理中，信念或品质的关键性。其中，A 指的是诱发性事件。也就是，在不断发生变化的环境中所引起的事件。

B 指的是个人面对诱发性事件所产生的一些信念、观感或者解释。比如，3 个人站在十字路口，让他们去描述他们看见的一切，结果是不一样的：有人会说，他看到了路边的电线杆；有人会说，车辆很多，交通很拥挤；还有人会说，一个打扮时髦的姑娘走了过去。面对外界环境，每一个人注意的焦点不同，这取决于个人的性格、兴趣、职业、品德等综合因素。

一个事件发生了，不同的人，站在不同的视点上，就会产生不同的反应，这个反应便是 C，也就是自己产生的情绪。人们总认为，是 A 导致了情绪变化

和行为结果C，然而却忽视了这样一个现象：同一件事，不同的人，会引起不同的情绪感受。

同样是比赛，同样两个人都失利了。一个人可能觉得无所谓，而另一个人却可能悲痛欲绝。为什么？这一切都是B在作怪。无所谓的人可能认为：结果不是最重要的，过程才更值得关注。悲痛欲绝的人可能认为：为了胜利，我准备了那么久，却马失前蹄，我会成为别人的笑柄。

因为B的不同，而导致C大相径庭。差异，便是在品质上。个人信念和品质的成熟度，决定了他的情绪控制力。

汤姆森在一家广告公司，干着一份普通的文案工作。在生活上，虽然勉强过得去，但离最早的设想却差十万八千里，他一直期待着找到一份更理想的工作。

终于有一天，机会来了。在听说休斯顿有一家4A广告公司在招聘后，汤姆森便跃跃欲试。周日下午，他抵达了休斯顿，而面试的时间，定在周一。

当天晚饭后，汤姆森独立坐在寂静的宾馆房间里，心绪起伏不定，他把过去的一些往事全都回顾了一遍。突然间，一股莫名的烦躁感油然而生：自己并非智力低下之人，可是为何至今仍旧寂寂无名，一无所成呢？

他拿起笔，在纸上写下了四位相识多年的老友的名字，这四个人统统薪酬比自己高，工作比自己优越。其中有两位曾住在他隔壁，现如今已搬去了高级公寓；另外两位则是他过去的老板。汤姆森开始自我反省，与他们相比，除了职位之外，自己到底哪里不及他们？

是聪明才智？还是工作能力？凭心而论，他们并不比自己强到哪里去。

经过半晚上的反思汤姆森终于找到了问题的根源，他知道自己在性格情绪上存在缺陷。就在这一点上他不得不承认自己远不如他们。

虽然已经凌晨3点钟了，但他的头脑却异常的清醒。他坐在那，不断地自我检讨。有生以来，他第一次真正认清了自己。发现过去那么多年，自己一直都没能把情绪控制好，他冲动、自卑、刁钻，不能平和地与人相处。

这天晚上，他痛定思痛，最终决定从今往后，要改变自己的想法，不再妄自菲薄，也不再斤斤计较，势必要完善自己的情绪和品格，弥补不足，让自己脱胎换骨，变得成熟起来。

第二天早上，汤姆森自信满满地前去面试，当即便被聘用。显然，他之所以能如此顺利地得到这份工作，离不开他前一晚的醒悟以及树立起来的那份从容不迫和自信。在休斯顿工作两年后，汤姆森的好名声渐渐被建立起来。所有与他打过交道的人都认为，他是一个乐观、睿智、热情、自信的人。

之后，在金融危机的冲刷下，人们的情绪都受到了考验，很多人倒在了情绪跟前。而汤姆森却一如既往地从容，成为同行业中少数几个能站稳脚跟的人之一，并在事业上大展了拳脚。

成功，往往来自于情绪的控制力，而一个人若想获得情绪的安定，必然先要培养其成熟的品质。没有超然的信念、性情和品格，才华也将失去用武之地。

“经营之神”松下幸之助最喜欢的得力助手后藤清一，有一次因为疏忽致使公司损失惨重。

事后，松下立即把后藤叫进自己办公室，劈头就是一顿训斥。一边训斥一边还手握火钳，狠狠地击打办公桌。被臭骂的后藤垂头丧气地站着，心中萌生了引咎辞职的想法。随即，准备转身离开。

这时，松下却叫住了他，并语气和缓地说：“等一下，刚才我气疯了，所以不小心弄弯了火钳，你能帮我把它重新弄直吗？”

后藤一头雾水，但仍是照做。他使劲地捶打火钳，在“砰砰砰”的敲打声中，沮丧的情绪也随之慢慢平息。当他把敲直的火钳递给松下时，松下笑着说：“哟，看起来比原来的还好呢，你干得真不错！”后藤没料到，松下会这么夸他，而松下做的远不止于此。

当后藤一离开办公室，松下就悄无声息地致电给后藤的家人，他说：“今天清一回去的时候，脸色也许会很臭，你要好好安慰安慰他。”当后藤的老婆，

把松下的心意告知后藤后，后藤内心感慨万千。

为此，他想尽一切办法去弥补之前的过错，并且更加卖力地工作，以报答松下的良苦用心。

松下征服爱将靠的是什么？正是他那份成熟的品质。当令人生气之事发生时，松下愤怒了，但是他很快安定住情绪，并妥善处理好自己的“情绪后遗症”，甚至得到了爱将更深的尊敬和爱戴。可见，培养成熟品质，是一个人获得情绪安定的前提。

有人说：“为别人开启一扇窗，也就是让自己看到更完整的天空。”那么，我们为什么不关上那扇狂风肆虐的情绪之窗，而去打开那扇阳光明媚的品格天窗呢？

8. 在生命的低谷留下坚强的足迹

只要有坚强的斗志，生命中没有什么不可能。

——约翰·库缇斯

我们每个人的人生道路不可能一直是平平坦坦的，总会遇到坎坷与起伏。当你处在生命的低谷时，是深陷其中、一蹶不振，还是振作精神、坚强走出？强者当然会选择后者，因为在他们眼里，怨天尤人、消沉堕落解决不了任何问题，反而会让自己的处境越来越糟糕，既然如此，何不用坚强的心态去面对呢？

在坚强中学会自强，在坚强中找到自己的价值，在坚强中发挥自己的潜能，在坚强中笑对人生的一切苦难和不幸。只有这样你的生命才会具有钻石般的质地与光芒。

国际著名激励大师约翰·库缇斯刚生下来的时候，让每个看到他的人都非常震惊：他的身体比一般的婴儿都要小，几乎就像易拉罐那么小，他双腿畸形，更糟糕的是他没有肛门！

看着躺在观察室里奄奄一息的小约翰，医生对他的父母断言："你们的孩子现在非常虚弱，看状况是活不过今天了，请你们做好心理准备。"

然而，就在小约翰的父母怀着悲伤绝望的心情为儿子准备完小衣服、小棺材和墓地之后，他们竟惊喜地发现小约翰依旧安然无恙地活着。

但是，医生并不打算给小约翰的父母过多的希望，便继续泼冷水说："尽管如此，你们的孩子估计还是活不过一周。"

可小约翰并未遂医生所愿，相反，他坚强地挣扎着活过了第 1 周、第 2 周、第 3 周……小约翰竟奇迹般地活了下来，这让所有的医生甚至小约翰的父母都感到不可思议。

父母决定将儿子带回家，并给他取名为约翰·库缇斯。他们打算从今往后，精心地养育自己的这个儿子。小约翰的身体实在是太小了，在他的眼里，身边的一切都是庞然大物，让他内心充满了恐惧。甚至连他家的狗都经常欺负这个小玩意。

为了让儿子战胜恐惧，坚强起来，父亲对小约翰说："如果你觉得恐惧，那么你就学会去坚强地面对它吧！"他让小约翰和家中的那只狗独处，通过这一次锻炼，父亲给小约翰上了人生中的第一堂课。

当小约翰背着比自己个头还大的书包，坐在轮椅上进入校园时，他万万没有想到接下来迎接他的是一场又一场噩梦。

很多调皮的同学都把个头矮小的小约翰当成自己随意戏弄的玩偶：他们故意推倒坐在轮椅上的小约翰，看他如何挣扎着起来；他们偷偷弄坏小约翰轮椅上的刹车，看他出丑；他们把小约翰绑在教室的吊扇上，让他随着风扇一起转动；他们甚至用绳子绑着小约翰的手，用胶纸封住他的嘴，粗鲁地把他扔到垃圾箱里，并且还在垃圾箱旁边点燃了火……

尽管如此，小约翰还是咬着牙坚强地在夹缝中成长着。

由于小约翰两条畸形的腿像尾巴一样翘着，不但派不上用场，而且行动起来非常不方便，所以，在他17岁的时候，也就是1987年他做了腿部的切除手术，从此成了“半个人”，但是行动却比从前自如了许多。

高中毕业后，约翰打算给自己找一份工作自食其力。于是，他趴在滑板上敲开一家又一家的店门，询问店主愿不愿意雇佣他。可是约翰太过矮小了，很多人打开店门，根本就没有注意到几乎趴在地上的“半个”约翰，便又把门关上了。

对此，约翰并没有灰心，他屡战屡败、屡败屡战。不知道经历了多少次失败后，约翰终于在一家杂货铺找到了自己的第一份工作（后来他还做过技术工人、销售员，还在一个仪表箱公司扭过螺丝钉）。

那时，他每天凌晨4点多就起床赶火车到镇上，然后爬上自己的滑板从车站赶到几公里以外的工厂。虽然生活非常艰苦，但是至少能够自力更生了，这让坚强的约翰非常快乐和满足。

约翰虽然身体残疾，只有半个身子，但是他非常热爱体育运动。在他12岁时，他就开始学打室内板球、轮椅橄榄球，并且喜欢上了举重。

由于没有双腿，上肢的长期锻炼，使约翰的手臂有了惊人的力量。1994年，约翰获得了澳大利亚残疾人网球赛的第一名；2000年，约翰拿到了澳大利亚体育机构的奖学金，并且在全国健康举重比赛中获得了亚军。

此外，约翰还分别取得了板球、橄榄球的二级教练证书。他那坚强不屈的毅力让很多人都为之折服。

而真正改变约翰的命运，开创他人生新局面的是他那次极其偶然的公开演讲。那次，约翰应他人之邀对自己的经历做了一个简短的演讲，却没想到赢来了热烈的掌声和巨大的反响。

很多听众听了他的故事后都被他坚强的意志所深深触动，甚至有一个女孩因此放弃了自杀的念头。

这次偶然的公开演讲，让约翰做出了一生中最大的决定：走上讲台，讲述自己所经历过的一切，讲出自己的挣扎和坚强拼搏，给他人人生的启示。

于是，约翰开始到世界各地进行演讲。到现在为止，约翰在 190 多个国家，共做了 800 多场演讲，他用自己的人生经历激励了许多处于人生低谷的失意人，让他们变得坚强起来。

相信约翰·库缇斯的经历一定带给了你心灵上的触动，这个在常人眼里注定不会有生命高潮的“半个人”，硬是用自己坚强的意志和有力的双手走出了生命的“低谷”，向着自己生命的“巅峰”一点一点攀登。就算没有双脚又有什么可畏惧的呢？约翰·库缇斯用行动让世人见证了他从生命低谷一路走来所留下的坚强“足迹”。

约翰·库缇斯还曾说过：“每个人都有残疾，我的残疾你们能看到，那你们的残疾呢？”是的，亲爱的朋友，身体健全的你是否能像约翰·库缇斯那样坚强地走出生命的低谷呢？

如果想要自己做个身不残志也不残的强者，你就应该学会如何让自己变得坚强。

1. 相信自己，不要放弃自己

这是真正的坚强。只有在内心里真正接受自己，承认自己、相信自己，你才会变得坚强起来。试想如果约翰·库缇斯因为自己“半个人”的身份而自暴自弃、破罐破摔，他哪还会有勇气去坚强地面对外界的奚落和耻笑呢？

确实如此，如果自己都厌恶自己，总是对自己产生怀疑，那么，自己首先就从内心里打败了自己，坚强又从何谈起？

2. 多学习，不断给自己充电

多学习知识，不断充实自己，这样眼界会变得更加开阔，心胸也会变得越来越宽广。当生命低谷来临的时候，才能以一颗平和的心态去面对，用坚强的意志去克服困难，走出低谷。

3. 找到自我内心的懦弱，并直面它、战胜它

有些人遇事总是畏首畏尾、战战兢兢，这种人如果想要自己变得坚强则应

首先找到导致自己内心畏惧、懦弱的真正原因，并且有针对性地去解决它，战胜它。只有这样，才会解决问题的根本。

9. 没有不带伤的船，只有不肯快乐的心

你只要生气 1 分钟，便丧失了 60 秒钟的快乐。

相信每个人都知道，没有任何一片海域永远是风平浪静的，而在海上航行的船也不可能不受到任何伤害。这里，我们不妨先来看看这样一个真实的故事：

19 世纪的时候，英国劳埃德保险公司从拍卖市场上高价买下了一艘船，这艘船看似并不起眼，外观也没有什么特色，但是却有着让人叹服的经历：它于 1894 年下水航行，在大西洋上航行时，遭遇冰山共 138 次，被狂风暴雨折断桅杆共 207 次，发生火灾共 13 次，触礁多达 116 次。尽管如此，它竟从来没有沉没过。

正因为这艘船令人惊讶的经历以及在保险费方面给公司带来的可喜利润，劳埃德保险公司决定将它从荷兰买回来捐献给国家，陈列在英国萨伦港的国家船舶博物馆里。

然而，使这艘船举世闻名的原因并不是劳埃德保险公司的这一慷慨行为，而是来自一名到博物馆参观的律师。

当时，这位律师刚打输了一场官司，他的委托人也在得知官司打输后自杀了。

虽然在这之前，他也有过辩护失败的经历，而且也不是头一次遭遇委托人因败诉而自杀的事件。但是，每当遇到这样的事情他还是有一种深深的内疚与负罪感。

他不知道应该怎样去安慰那些在生活中遭受了不幸与苦痛的人，他们有的被罚至倾家荡产，妻离子散；有的在生意场上被骗子骗得血本无归；有的因为

输了官司而落得身败名裂、债务缠身……

当这位律师在萨伦船舶博物馆里看到这艘船时，脑海里突然闪过这样一种想法，为什么不让我的委托人来参观参观这艘船呢？也许这艘遭遇了无数次磨难却依旧“大难不死”的船，会给他们一些人生的启示。

于是，他就将这艘船的历史摘抄了下来，连同这艘船的照片一起悬挂在他的律师事务所里。每当自己的委托人请他辩护时，不管输赢他都会建议他们去参观参观这艘船。他希望他们能够从中领悟到这样一个人生哲学：生活不可能是一帆风顺的，就像航行在海上的船不可能不带伤。

如同“海上没有不带伤的船”一样，我们的生活也不可能是一帆风顺、十全十美的，总是会发生这样那样的不顺心和不如意。面对人生的不幸和挫折，有的人依旧保持快乐的心情，而有的人却悲观失意。“天堂和地狱只在一念之间”，要记住：没有不经历磨难、风雨的人生，只有不肯在有限的人生中快乐起来的心。

刘珊一直以来胃口都不好，晚上还时常失眠，身体也消瘦得非常厉害，去医院检查，医生表示身体方面一切都正常，也没有任何疾病的迹象。无奈之下，刘珊决定去看心理医生。

“你是不是觉得内心非常痛苦呢？”心理医生看刘珊情绪不好，便开口问道。

听了心理医生的话后，刘珊像遇到了知己一样，开始滔滔不绝地向心理医生倾诉自己内心的种种苦闷。

其实，刘珊的烦恼都是一些鸡毛蒜皮的生活琐事，比如楼上的那户人家每天晚上都会制造出这样那样的噪音；对面的邻居见面不主动和自己打招呼；自己所住的小区绿化和卫生做得一点也不好，物业的态度也非常恶劣；一个原本关系不错的同事居然在背地里说自己的坏话；老板总是承诺要给自己加薪，可是一点动静也没有……

刘珊越说越沮丧，感觉整个天都要塌下来似的。在她眼里，生活一点意义也没有，到处都是不顺心的事情。

心理医生一边耐心地听刘珊倾诉着，一边在自己的本子上记录相关内容，等刘珊说完，心理医生便问道：“你和你丈夫的感情怎么样呢？”

刘珊听后，刚还愁云密布的表情突然舒展开来，她会心地笑了笑说：“哦，我和我老公的感情非常好，他非常疼爱我，我们结婚已经有八年了，却从来没有吵过架。他是个非常温柔贴心的人。”说到这里，刘珊又不自觉地笑了起来。

心理医生微笑着点了点头，接着又问道：“那你们有孩子了吗？”

“我们已经有一个六岁的女儿了，小家伙非常可爱，聪明活泼，特别招人喜欢。”谈到自己的女儿，刘珊的眼里放出了异样的光彩。

之后，心理医生又问了刘珊许多问题。谈话即将结束时，心理医生把写满字的两张纸递给了刘珊。其中，一张写着刘珊之前所说的各种苦恼，另一张写着令刘珊快乐的事情。

心理医生对刘珊说：“这两张纸就是你治病的药方，你把生活中不如意的事情看得太重，却完全忽视了你身边那点滴的快乐。”

是的，现实生活中，从来不乏令人快乐的事情，只是缺少愿意快乐的心。上面故事中的女主角刘珊总是将自己的目光停留在那些让人不快的琐事上，却忽略了身边真正值得自己珍惜和关注的人、事。

其实，想要让自己快乐并不难，只要你做个生活有心人，就可以和快乐有个“快乐”的约会。

1. 快乐要主动寻觅，用心去追求

快乐本身并不会从天而降，需要你主动去寻觅，用心去感受、追求。这样，你才能接近快乐。当你领悟到这一点后，就不会傻呆在原地“守株待兔”，而会主动地踏上寻觅快乐的旅途，只要用心去感受沿途的美景，你就会收获到满满的快乐。

2. 热心帮助他人，关心周围的人、事

心理学家艾里逊曾说过：“只顾自己的人，结果会变成自己的奴隶！”确实如此，现实生活中，那些自私自利、只为自己活的人，往往心胸狭隘、小肚鸡肠，处处受到局限，内心很难快乐起来。而要得到真正的快乐，受到他人的尊重，就应该经常帮助他人，对周围的人、事怀着一颗赤子之心，只有这样，你的内心才会感到富足快乐。

3. 扩大自己的生活圈，敢于尝试新的事物

新事物总会给你的生活带来惊喜，因此，学习新的知识，尝试新的事物，可以使人获得新的满足。

然而，有许多人忽视了这一点，错失了发挥自己潜能、获得快乐的机会。

为何不尝试着去扩大自己的生活圈，接受一些新的活动和挑战呢？只要勇敢地迈出这一步，你就会获得许多意想不到的快乐。

4. 只在乎和自己一点一滴的较量，不要和别人攀比

从小到大，我们就感受到竞争带来的压力。在这竞争的过程中，许多人养成了与他人攀比的坏习惯，一旦发现自己哪方面不如别人，就开始悲伤、沮丧、自卑，毫无快乐可言。

所以，如果想要自己真正快乐起来，就少一些攀比吧！用自己当衡量的标准，看到自己一点一点的进步，你的快乐也会油然而生。

5. 不要自负，也不能自卑

自负的人总是有十足的把握来实现自己所有的目标，因而目空一切；自卑的人总是对自己产生怀疑，认为成功的希望非常渺茫。这两种人都会因此错失许多的快乐。所以，自信乐观要适度，不要过于自信、目空一切，也不能缺少信心、悲观沮丧。

6. 要有自己的梦想，并敢于追求

每个人都应该心怀梦想，并且付诸行动、全力以赴，因为奋斗的过程本身就能给人带来无比的快乐和满足感。当然，梦想应该和现实结合，具有可行性，不要好高骛远，否则，梦想落空只会给人带来巨大的失落感。

小测试 看看你的情绪类型

回答下列问题，然后根据所选项后的分数来计算总分，看看你属于哪种类型。

1. 当你做错事后，你是否会因此感到内疚和后悔？

A. 会的（3 分）

B. 偶尔会后悔（2 分）

C. 不会后悔的（1 分）

2. 在公交车站等车的时候，一个陌生的人给你讲故事时，你会怎么样？

A. 表面上看很感兴趣，实际心里不想听（2 分）

B. 由衷地想听（3 分）

C. 不听，直接打断他（4 分）

3. 当你拿着自己发表的文章时，你会怎么样？

A. 看一遍就扔掉（2 分）

B. 仔细地看一遍并好好保存起来（3 分）

C. 一眼也不想看（1 分）

4. 你喜欢下面哪种工作环境？

A. 人多的工作环境（3 分）

B. 人不多的工作环境（2 分）

C. 就自己的一个人的工作环境（1 分）

5. 你收到的一些邮件，你会怎么处理？

A. 看完就删掉（1 分）

B. 在邮箱里存着（3 分）

C. 等到邮箱满了删掉（2 分）

6. 你会时常感到害怕吗？

A. 只是偶尔会（2 分）

B. 一直都没有过（1 分）

C. 经常会感到（3 分）

7. 你的一位同事因误会而生你的气，你会怎么办？

A. 直接向他解释（3 分）

B. 让他自己弄清楚（1 分）

C. 不理他（2 分）

8. 一只流浪猫跑到你家，你会怎么办？

A. 把它留在家里，好好照顾（3 分）

B. 把它弄到外面去（1 分）

C. 把它送给喜欢猫的人（2 分）

9. 当看到感人的电影时，你会哭吗？

A. 从不哭（1 分）

B. 偶尔会哭（2 分）

C. 经常会哭（3 分）

10. 你喜欢看哪方面的书？

A. 史书、秘闻、传记类（1 分）

B. 历史小说、社会问题小说（2 分）

C. 幻想小说、荒诞小说（3 分）

11. 在公交车上，你看到旁边的人在哭，你会怎么办？

A. 想安慰一下，但又不好意思开口（2 分）

B. 直接问上去安慰他（她）（3 分）

C. 换一个看不见他（她）的地方（1 分）

12. 当别人送你一个你不喜欢的礼物时，你会怎么办？

A. 丢掉一边，不再看它（1 分）

B. 依然高兴地保存起来（3 分）

C. 平时放起来，但当赠者来时就把它拿出来（2 分）

13. 一个刚认识不久的人对你说了一些自己的心里话，你会怎么办？

A. 觉得有些不好意思（2 分）

B. 仔细地看着对方的表情（1 分）

C. 感到很荣幸，并觉得对方是一个很可交的人（3 分）

14. 当你看流行的恐怖电影时，你会怎么样?
    A. 觉得很幼稚（1 分）
    B. 感到真的很恐怖（3 分）
    C. 非常喜欢看（2 分）

15. 你的好朋友因与你意见不一样而跟你绝交，你会怎么做?
    A. 像平时一样，但是内心感到很伤心（2 分）
    B. 短时间里不能恢复正常（3 分）
    C. 一直会沉浸在忧伤的心情中（1 分）

16. 在街上遇到熟悉的人时，你会有什么动作?
    A. 招手问候（1 分）
    B. 微笑握手问候（2 分）
    C. 拥抱他（3 分）

17. 与一个很害羞的人谈话时，你会有什么反应?
    A. 自己也会很不安（2 分）
    B. 觉得逗对方玩很有意思（3 分）
    C. 有些生气（1 分）

18. 你比较符合下面的哪种情况?
    A. 很在乎自己的感情（2 分）
    B. 凭自己的感情办事（3 分）
    C. 比较看重结果，不在乎自己的感情（1 分）

19. 如果有人问你一些敏感的问题，你会怎么做?
    A. 很生气，不回答（3 分）
    B. 直接告诉他，自己不愿意回答（1 分）
    C. 依然回答，但是心里很不高兴（2 分）

20. 在同事家喝酒时，同事与他的家人吵了起来，你会怎么做?
    A. 很尴尬，坐在那里不说话（2 分）
    B. 借口离开（1 分）
    C. 劝架（3 分）

21. 在你看表演时，一个很好的节目结束后，你会怎么办？

A. 应付性地鼓掌（1 分）
B. 跟着大家一起鼓掌，但心里并没觉得很好（2 分）
C. 节目很好，用力鼓掌（3 分）

22. 你比较喜欢下面哪种孩子？

A. 看上去可怜兮兮的孩子（3 分）
B. 懂事一些的孩子（1 分）
C. 有自己个性的孩子（2 分）

23. 在上班的路上遇到一个熟人，你会怎么做？

A. 当作自己没看到（1 分）
B. 打个招呼就走开（2 分）
C. 走上前去客套一番（3 分）

24. 在上班的路上遇到一件很生气的事，到公司后你会怎么样？

A. 依然没有走出刚才的情绪（3 分）
B. 一忙起来就把烦恼丢忘了（1 分）
C. 努力克制自己，但还是会因刚才的事而乱发脾气（2 分）

25. 你出差外地时，你会怎么样？

A. 被沿途的美丽风光而吸引（3 分）
B. 因一路的平安而高兴（1 分）
C. 想到更多的地方看看（2 分）

26. 你曾想过给杂志投稿吗？

A. 有时想过（2 分）
B. 从没想过（1 分）
C. 一直想（3 分）

27. 当你看到有人在游行示威时，你会怎么想？

A. 不理会，因为这与自己没关系（1 分）
B. 为他们的行为而感动（3 分）
C. 为他们的行为而感到尴尬（2 分）

28. 什么时候你才会送朋友礼物?
    A. 自己想送就送，不管什么节日不节日（3分）
    B. 想求他办事的时候（2分）
    C. 在节日或他生日时送（1分）

29. 当家人抱怨你花在工作上的时间过多而花在家里的时间太少时，你会怎么办?
    A. 依然像以前一样工作，但是会向家人解释:“这全是为了家。”（1分）
    B. 转而把更多的时间放在家里（3分）
    C. 会平均一下工作与家庭两者之间的时间（2分）

30. 你与下面哪种情况比较符合?
    A. 很热心，对于别人的事都很关心（3分）
    B. 对于别人的事从不关心（1分）
    C. 对于熟悉的人的事上心，其他不熟悉的人事就不关心（2分）

答案分析:

30—50分:你是一个理智型的人。你不会因周边发生的事情而激动，感情也不会有很大的波澜，但这也往往容易让人觉得你冷酷。所以，你偶尔也需要放纵一下自己。

51—70分:恭喜你，你是一个平衡型的人。你介于理智与冲动之间，不会让人觉得你冷漠，你也不会感情用事。不管遇到多么不开心的事，你也会克制自己。你很少与人发生争论，与周围的人相处融洽，自己也生活得很愉快。

71—90分:你要注意了，到这个分数之间，说明你是一个冲动型的人。在平时的工作和生活中，你很容易激动，非常情绪化。虽然在与人交往中，你可以做很随和、热情，但偶尔你的感情很脆弱，有些多愁善感。当你遇到困境时，就不能克制自己。于是，麻烦就会找上你了。即使有人劝慰你，也很难让你冷静下来。因此，这种类型的人在生活中一定要学会克制自己的情绪。

第2章

改变心情，摆脱情绪负债的侵扰

1. 接受现实，停止抱怨牢骚

改变你能改变的，接受你不能改变的。

稍加留意，你就会发现，身边的很多人，甚至包括你本人，一直生活在充斥着抱怨牢骚的世界里，诸如：

“大学跟我一起疯玩的那女孩现在找了份特别好的工作。以前也没觉得她有多优秀啊，现在竟然混得这么好。唉，我怎么沦落到现在这个地步啊！”

“连着加了好几个星期的班了，累得跟个牲口似的，也一直不见给我晋职加薪。公司到底有没有天理啊！”

“我跟我朋友一起去那家公司面试，结果他被直接录用而我当场就被毙掉了。我也没觉得他比我强到哪去呀！”

“公司年会上表演的那个相声也不怎么样啊，还没我的独舞好呢，竟然得了第1名，评委瞎了眼吧！”

……

试着想象一下，如果你周围全都围绕着这样一张一刻不停总在抱怨的嘴巴，你会不会有一种快要窒息，想要逃离的感觉呢？

抱怨与牢骚不仅解决不了任何问题，反而会让身边的人越来越厌恶你。

一个爱抱怨的人总是觉得整个世界都亏欠于他，生活中的一切都是他抱怨的对象，整天愤愤不平、郁郁寡欢、牢骚满腹。把自己的生活弄得乌烟瘴气不算，他们还要去不断地污染、搅扰他人的生活。这样的人，谁见了都会躲得远

远的。

《圣经》里有这样一句话："改变你能改变的，接受你不能改变的。"是的，这个世界并不公平，每个人的生活也不可能完美，与其一味抱怨跟牢骚，不如想办法改变现状！如果无法改变，那就试着改变自己的态度吧！接受现实，停止抱怨牢骚，也许在转角处你就会发现"柳暗花明又一村"的新天地。

李刚是一名普普通通的"的哥"。像其他很多出租车司机一样，李刚一天的大部分时间都是在抱怨出租车行业竞争太激烈、油价涨得太快、自己每月赚得工资太少……时间就这样在怨声载道中飞逝，生活了无生趣，毫无希望可言。

直到有一天，李刚无意在广播里听到某位励志成功学大师的访谈，这位大师说："停止抱怨与牢骚，你就可以在众多的竞争对手中脱颖而出。记住，千万不要做一只鸭子，要立志成为一只在高空翱翔的雄鹰。鸭子只会'嘎嘎'地乱叫瞎抱怨，而雄鹰却能在广阔的蓝天中展翅高飞。"

大师的这段话醍醐灌顶，让李刚茅塞顿开。于是，他暗暗下定决心努力做一只振翅高飞的"雄鹰"。

李刚并不只是口头说说而已，他开始留心观察整个出租车行业的现状，在这个过程中，他发现许多出租车的卫生状况都很糟糕，司机的态度也非常恶劣。对此，李刚决定做一些实质性的改变。

每次顾客上车李刚都会主动下车帮助乘客打开后车门，如果客人带有行李，李刚还会积极帮助乘客将行李放到后备箱。

乘客一上车，李刚就会递给对方一张制作精美的宣传卡片，上面清清楚楚地写着自己的服务宗旨："在愉快的氛围中，将我的客人最安全、最快捷、最省钱地送到目的地。"李刚还在出租车上准备了许多种饮料，包括咖啡、可乐、红茶等，免费提供给乘客饮用。为了让乘客打发车上无聊的时间，李刚在车上还准备了很多报纸杂志，比如《南方周末》、《三联生活周刊》、《体坛周报》等。

更周到的是，李刚还会给乘客一张各个电台的节目单，让乘客自己选择喜欢听的音乐广播。在大家眼里李刚这样的服务简直是天堂级待遇了。但是他还嫌不够全面，经常询问乘客车里空调的温度是否合适，还会针对乘客到达的目的地说出最佳路线。

李刚的生意越来越好，几乎不需要在停车场里等待客人。一天下来也没有歇停的时候，往往是刚刚送完这个客人就马上接到另外一个客户的预约电话。这样坚持下来，李刚的服务质量广受好评，在行业内有口皆碑，收入立马翻了一番。

而当初的那些同事，在“眼红”李刚总有好生意的同时，仍然乐此不疲地抱怨着自己越来越差的境况。

面对黯淡无光、了无生气的生活，李刚决定不再抱怨与牢骚，而是以乐观的心态去面对现实。并且充分发挥自己的主观能动性，努力去改变自己的现状。让原本看似无望的生活又充实、美好起来。而只知一味抱怨的人如李刚的那些同事，却只能原地踏步，甚至越来越倒退。

由此可见，不同的态度决定了两种截然不同的人生。

那么，在日常生活中，朋友们应该怎样做才能有效防止抱怨的产生呢？我们不妨来看看下面几个方法：

1. 问题出现时，应考虑其本质，而不应抱怨他人

许多人在问题出现时，第一反应就是抱怨别人这种习惯是非常不好的。抱怨他人不仅解决不了问题，而且会给人留下爱推卸责任的坏印象。

2. 培养乐观积极的心态

一个消极悲观的人总是看不到事情的积极面，无法找到生活的目标，生活中自然也缺少很多快乐，这也势必提高了牢骚产生的概率。所以，日常生活中，应该积极主动地面对和处理问题：

（1）给自己做一个周详的计划。不管是在工作上还是生活上，都给自己制订一个周详的计划，并且将计划付诸实践，这样可以使自己的生活更加充实，心情更加舒畅，抱怨也自然会减少。

（2）合理安排自己的时间。合理利用时间是执行计划的重要一步，合理科

学地利用时间，可以提高工作效率，而且还可以利用闲暇来做自己喜欢的事情。

（3）善于总结。根据计划执行的情况，应定期总结自己这一段时间以来的得失。客观看待出现的问题，认清自己的不足，不断完善自我。

3. 对自己不要太苛刻

有些人是典型的完美主义者（用现在的话说是“龟毛”），不仅做事要求万无一失，而且对自己也苛刻到吹毛求疵的地步，经常会因为一些小到可以忽略不计的瑕疵而深深自责，结果累己累人。

为了避免挫折感，减少抱怨的概率，应该将目标和要求设定在自己的能力范围之内，这样心情才会放松舒畅。

4. 不要对他人寄予过高的期望

不仅对自己不要太苛刻，对待他人，也不应寄予过高的期望。期望过高，如果对方没有达到自己的要求，就会产生很大的失落感，随之抱怨也会增加。

5. 要有自信心

有了自信心，才会相信自己的能力，遇到挫折和困难时，才不会怨天尤人、束手无措。

2. 偶尔“闭”上你的耳朵

生活中我们不可避免地会遇到很多让自己心烦气躁的事情，如果我们能“闭”上自己的耳朵，偶尔让心情回归平静，那我们看世界就将是另一番心境。

当今社会竞争无处不在。在巨大的压力面前，我们不自觉地会产生很多莫名的烦恼：“领导办事不公、同事勾心斗角、天天加班工资依然如故”等等，所有的事情都让我们疲于应付。

在这样的情况下，人的情绪自然就变得很糟糕，想要避免受到这样的影响，让自己快乐一点，那就试着偶尔“闭”上你的耳朵，怀着一颗恬静淡泊的心去好好生活吧！要知道适当让耳朵休息，不仅是精神需要，更是最基本的身体需要。

经过医学证明，让耳朵放松是一种正常的身体需要，我们每天都要上班下班，无论是工作区内，还是大街上的行人、公交、地铁，尤其是路过各种建设工地，着实是让耳朵“不能承受之重”，而且如果耳朵长期得不到休息，很容易引起耳鸣头晕。

可能你会选一些方式避免这些杂音的侵扰，比如戴耳机听音乐，殊不知自己是在“五十步笑百步”，在吵闹的环境中戴耳机听音乐对耳朵的损害也是非常大的，现在年轻人中越来越多的中耳炎患者就是很好的佐证。

当然相对来说，心情烦躁对我们情绪的影响要比外在的那些不好的声音对我们的损害大得多。心理学家在研究过程中发现，具有周期性逃避心理的不仅仅是自闭症或忧郁症患者，大部分的正常人也会有周期性的逃避心理。他们看上去工作很轻松，生活也很幸福，但却终日愁容满面，这种现象就是所谓的心理疲惫期。

大学生有求职疲惫期，情侣之间有恋爱疲惫期，考研还有复习疲惫期等，这都是人正常的情绪波动。或许你以为什么事情都没有，可实际上在你的潜意识里存在着永不满足的成功欲望、对幸福感的强烈渴求，或者是其他一些潜意识的想法都会让你产生轻微的逃避心理。

这个时候不需要音乐，不需要书籍，只要找个安静的完全属于自己一个人的地方，“闭”上我们的耳朵，抛却杂念，在心灵获得清净的过程中，你会发现自己的灵魂已在自由飞翔。

张女士今年 28 岁，某外企高级白领，应该说工作生活都相当顺心。可前段时间突然毫无缘由的失眠心悸、寝食难安。莫名的疲惫，严重影响了生活和工作。

张女士咨询了数位心理医生，服用了好多安神药品后，依然没有太大改观。最终不得不请假休息了几天。

一个喜好研究心理学的朋友告诉她：“你安安静静休息两天，不去想工作，也不想其他任何事情，把你那从不离身的音乐播放器丢开，让你的耳朵心灵都彻底休息，应该会有不错的效果。”

张女士半信半疑，但还是一一照办，两天后精神竟真的好了不少。她感慨万千地说：“想不到工作后还有‘高原期’反应，更不知道原来‘闭’上耳朵竟有这么神奇的效果。”

可见，我们真的需要偶尔“闭”耳，那不止是耳根的清静，更是心灵的放松。在这物欲横流的世界，我们需要给自己一点空间，让漂浮不定的心偶尔“靠岸”。

不知大家有没有过这样的体会，在一些时候，没有什么原因，没有心情不好，就是想逃开一切，一个人静静的，什么也不听什么也不说，甚至什么也不想，这时千万不要以为自己得了什么自闭症之类的怪病，那是每个人都有的正常需要。

在这个世界上，有很多神奇的方法可以让你的耳朵、心灵得到休息和缓解，这里就给大家提供两种简单实用的“闭”耳方式，供大家在需要的时候参考。

1. 流言蜚语随它去

著名诗人汪国真有过这样的诗句：“不要害怕嘲讽的目光 / 不要害怕别人的蜚短流长 / 许多时候 / 沉默就是一种最好的抵抗……”这样富有哲理性的诗句真的是不无道理。有时，因为我们的特立独行或其他一些无谓的琐事，我们总需要面对一些流言蜚语，如果你因为这些影响自己的情绪，那真是太不值得。

大家一定都还记得那个在娱乐圈颇受争议的女人刘晓庆，看看人家在节目中接受采访的那份从容自信，你就真应该好好佩服一下这个风韵犹存的昔日女星了。刘晓庆的生活似乎从未平静过，从 20 世纪 80 年代起，先后经历了几段失败的婚姻，获得了无数的影视奖项，做生意似乎也一帆风顺地发了财，还因偷税坐过牢。

这其中的心路历程大概连她自己也说不清，面对网友毫不留情的批判责骂，她依旧我行我素，笑面世俗，这样的人生应该说是轰轰烈烈的一场盛宴吧。

中世纪的大诗人但丁也曾说过："走自己的路，让别人说去吧！"是的，只要你行得端做得正，问心无愧洒脱人生，那大可不必在乎那些闲言碎语，做最好的自己，流言蜚语随它去，有些人、有些话，你永远不用听，"闭"耳即是清静。

2. 心灵瑜伽怡性情

除了不听不该听的话，还有这样一种方式可以让你"闭"耳，甚至忘我，用形体运动轻松解压，那就是瑜伽。那是一种 20 世纪后期开始在中国盛行的运动。它源于印度，内涵是"和谐"、"一致"的意思，为古代印度人所崇尚，认为长期修习瑜伽不但修身养性，更可以在练习过程中达到天人合一的完美境界。

在练习过程中，排除一切外界的纷纷扰扰，让自己置身于一种忘我的境界，轻柔的舒展身体，瑜伽不只是一种运动更是一种精神按摩。心灵瑜伽更侧重于心灵层面，让你在冥想中策马驰骋，笑傲人生，在简单舒缓的运动中学会管理情绪，自然地调适身心。据说真正的瑜伽大师，在修习时都有一样的想法：那就是自己正受到物质环境的污染，必须要虔诚地净化自己的心灵。在这样的心理暗示下，人会变得脱俗，你的内心世界也将不知不觉变得平静柔和。

偶尔"闭"耳，裨益无穷，但是有些时候，有些地点，不允许我们"闭"耳。不用急，还有一种方法，不需要真正闭起耳朵，却同样有"闭"耳的效果，那就是音乐 SPA。虽然听着音乐，同样让耳朵和心灵得以彻底放松，那种能直击人心灵深处的纯音乐，你听过之后自然明白。

在生存压力空前加大的今天，每个人都会有疲惫的时候，学会"闭"耳，才能持一颗宁静淡泊的心，平静地看待生活中的成败、得失。"闭"耳不仅让我们耳朵得到休息，更可以清心，让我们在生活中逐渐变得宠辱不惊，闲庭信步。

3. 天下无人不自卑

金无足赤，人无完人，这个世界最完美的地方就在于它的不完美。无数的事实证明了一个坚不可摧的真理：天下无人不自卑，只是程度的轻重不同而已。

自卑其实就是怀疑自己，认为自己不行、不够优秀，甚至因此自暴自弃、堕落沉沦的心理情绪。

自卑是一种极其悲观的心理暗示，自卑的人往往不是真的不如别人，而只是低估了自己的潜质。他们总是不自觉地拿自己的劣势和别人的优点去比，那你当然不如别人但每个人都有自己的长处，有时候拿出来激励一下自己，甚至是寻求一些自我安慰都是不错的方法，万万不可妄自菲薄。如果你放弃了自己，那么任别人再怎么努力都是徒劳。

著名哲学大师黑格尔曾说过："自卑往往伴随着懈怠。"是的，自卑往往会消磨了人们的雄心壮志，让人在还没开始踏上成功旅途的时候就已经跌倒。它是我们前进路途中的"绊脚石"，严重影响到人的情绪、生活和工作。

1953年，科学家霍森和克里克从照片上发现了DNA分子结构，并大胆提出DNA的双螺旋结构的假说。

这一假说的提出，成为生物时代开始的标志，两位科学家也因此荣获了1962年的诺贝尔医学奖。

说到这儿，很多人都为那个英国人弗兰克林感到惋惜，原来他在1951年就举行了一次小型的医学报告会，声称自己从拍得极为清晰的DNA（脱氧核酸）X射线衍射照片上，发现了DNA的螺旋结构。

这论点在当时太新鲜了，几乎没人肯认同，生性自卑多疑的弗兰克林，本来就对自己的论点不很自信，在没有得到人们的认同时就索性放弃了自己先前的假说。

试想如果弗兰克林不那么自卑，坚持自己的假说，并逐步进行深入研究，那这项影响深远的医学发现就该是他最值得骄傲的成就了。

这样的结果，不知道弗兰克林会作何感想呢？类似的例子不胜枚举，究其原因，都是自卑“惹的祸”，在我们还没做事情之前，只要确定自己会全力以赴地完成目标就好了，毕竟一个人的潜力是无限的，如果因为自卑心理而固步自封的话，后果简直不堪设想。

有时候人的自尊真是脆弱的可怜，于是就让自卑有了可乘之机。在我们人生道路上肆无忌惮，在折磨我们精神的同时严重摧残我们的身体，这是多么恐怖的事情！

由于自卑的人大脑皮层长期处于抑制状态，缺少了愉悦神经的良性刺激，会导致很多问题：像免疫力下降、内分泌失调甚至是提前衰老等，非常不利于我们的健康。如何测定自己是不是自卑呢？自卑的人往往都会有下面几种表现：

1. 做事胆怯、迟疑

大卫·史达曾经说过这样的话：“迟疑也是自卑的表现，犹疑不决比堕落还要消极。”很多事情明明你可以做得很好，但你却没有尝试的勇气。我们失败的原因通常不是因为我们“不行”，而是因为我们根本就“不敢”。自卑的人总是有很多借口退却，机会摆在眼前，他们却不肯踏出第一步。当无路可走时，他们被迫去做，被激发出来的魄力大都让人吃惊。所以，鼓起勇气勇敢地去做你害怕的事情。

2. 敏感脆弱，社交能力极差

自卑的人，往往害怕自己的某些缺点惹人笑话，极度缺乏安全感，所以大都是喜欢独来独往，把自己封闭起来，少有知心朋友。越是敏感脆弱，他们就越自卑，于是形成一个恶性循环，最后把自己逼得走投无路，甚至做出很极端的事情。

人毕竟是情感动物，1954 年美国科学家曾经做过这样一个实验：

把一群人封闭在一间隔音房里，除了吃饭排泄，必须得戴着各种防护工具，24 小时躺在床上。这个实验在当时引起了不小的轰动。相信很多人也都有所耳

闻。实验的最终结果是没有一个人撑过三天。这充分说明人是离不开社会交往的，自卑的人之所以容易走上极端，也是这个原因。

3. 害怕被人关注，习惯逃避

自卑的人一般都喜欢埋着头，说话声音很低，而且不敢与人对视。人多的时候总是喜欢让自己躲在一个不起眼的角落，别人一把目光转向他们，他们就显得手足无措，觉得所有的目光都像是讥笑嘲讽。被人关注的感觉对他们来说，简直如芒在背，然而活在自己的世界里，他们却往往孤独而自傲。

当然自卑的表现还有很多，上述只是最常见最基本的。

自卑束缚了我们原本无限的发展潜力；自卑让我们在前进的路上失去信心；自卑让我们生活的天空布满阴云。在生活中，我们必须把握好自己，别被自卑挡住了路，当你突破和超越自卑时，你就离成功很近了。

天下无人不自卑，但自卑也不都是消极的，自卑是一把双刃剑，看你如何对待了。轻度的自卑甚至会对人有积极影响。

好多成功的人都这么认为：

1. 轻度自卑是一种美德

《春秋繁露·通国身》中说："谦尊自卑者，仁贤之所事也。"轻度的自卑是一种美德，因为这会让人更清醒地认识自己，从而有针对性地改变和完善自己。另外当一个人有轻度的自卑时，应该说他就有了自知之明，这样他就会变得虚怀若谷，谦逊有度。

俗话说："智者谦，不智者傲"，自古以来但凡有成就的人，他们身上都有着点滴自卑的痕迹。因为自卑，他们更努力，就像知名导演许鞍华接受中央台采访时，曾说过自卑让她更清楚地认识自己，然后不断寻找突破口找到自己的长处。还有优秀的中央电视台主持人白岩松和张越，他们也是从自卑走向成功的典范人物。

2. 自卑往往催人奋进

著名心理学家阿勒德对自卑有着深入的研究。在他的著作《自卑与超越》

中，他谈到了一种“补偿心理”，又叫“超补偿”，是说某些自卑的人会下意识地努力将自身缺陷攻克并转为优势，或者是承认自己某方面的缺陷，然后开发其他方面的机能来弥补有缺陷的地方。当然他的理论主要是联系那些身体有缺陷的人，这里我们不作深究。

有这样一句话：“知不足是一种美德，知不足而奋进。”放眼古今中外，这样的人似乎真的不少，古希腊著名的演讲家狄摩西尼，为了攻克口吃困扰，经常含着石头对着胸襟辽阔的大海苦练演讲，最终成为了闻名世界的演讲家，被誉为“雄辩之父”，听到他无以辩驳的演讲，谁会想到他曾经是个口吃的人呢？

4. 无谓的忧虑让思维恶性循环

“我们的首要任务不是去观察遥远朦胧的未来，而是去做手边清晰可见的事”，苏格兰评论讽刺作家卡莱尔说。无谓的忧虑，永远不如想一些切实可行的办法或做些补救来的实际。

传说在遥远的撒哈拉，有一种叫沙鼠的小动物，它们每逢旱季到来之前，总是历尽艰辛地囤积大量草根以备不时之需。奇怪的是，即使沙地上的草根足以使它们度过旱季，它们仍然那样拼命地将草根运进自己洞中，仿佛这样才能让它们心安，当然事实是这样做毫无意义。

现实生活中，似乎有越来越多的人都变得像沙鼠了，越来越多的人开始像透支信用卡一样透支起明天的烦恼，忧虑似乎也成了时代的通病。很多年轻人动辄“郁闷”，再就“纠结”，问其原因吧，又说不出什么所以然来了，无谓的烦恼，莫名的情绪，为何不能“顺其自然”呢？

好像自从亚当、夏娃偷吃禁果后，这世界就变成这样了，没有什么特别的预兆，也不知将持续到什么时候。古代忠臣志士总是劝谏帝王要居安思危，常

备不懈，如果看到当今的国民个个都是如此，应该会很欣慰吧！

诚然，在竞争激烈，科技和生活都高速发展的今天，客观环境对人的要求的确是不断提高的。这个世界已经没有绝对的平衡和公正，人的生存危机空前加重。

无数的事实也告诉我们人必须得有点忧患意识，学会未雨绸缪，从容应付。那是否就意味着我们每天都要在无谓的忧虑中度过呢？显然不是的，忧虑要有度，有些事情要看看它到底值不值得你去忧虑。

俗语说："人无远虑，必有近忧"，这话一点不假。必要的忧患意识可以将危机扼杀在摇篮里，防患于未然。著名的波音公司为了增加员工的危机感，竟然独具匠心地制作了一段模拟公司倒闭的电视短片，让员工深深震撼。于是员工都多了份主人翁意识，不断努力创新，正是这样才使公司一直在同行业中立于不败之地，发展势头更是势不可当。

忧患是必要的，但绝不是为了一些无谓的事情。杞人忧天的故事想必大家都听过，其实我们现在每天忧虑的事情，很可能无异于那个杞人对天塌地陷的担心，完全是徒劳无益的心理负担罢了。

在丹麦，一个生活非常贫困的铁匠，每天从早到晚地担心："万一我挣的钱都花光了怎么办？""如果我生病无法工作怎么办？"等等，就这样忧心成疾，终于有一天晕倒在路旁。

恰好经过的医学博士听他讲完情况后，万分怜悯，将自己随身的一条金链子送给他，并叫他不到迫不得已时不要出卖。

铁匠感激地收下了，自此有了生活的信心。因为万一真穷得不行时还有金链子。这样他的精神状况也大有改观，努力地工作，生活也逐渐富裕起来。

当生活安逸之后儿子也长大成人，他没了后顾之忧，想起那条项链，于是拿到首饰店估一下价，结果让他瞠目结舌：这条项链根本不是金的，而是铜制品，廉价得不值一提。

冥思苦想后他恍然大悟，那博士给他的是一剂医治忧虑的药方，而不是什么物质财富。

讲到这里，大家应该都明白其中的寓意了，与其无谓的忧虑，不如好好过好今天的生活。正应了《圣经》里的一句话：“不要为明天忧虑，因为明天自有明天的忧虑，一天的难处，一天当就够了。”想想还真是这样，家家有本难念的经，家家有首难唱的曲，谁的生活都不可能一帆风顺，淡定些不是更好？

风靡全球的女星凯瑟琳·赫本，这个被认为是美国电影与戏剧界的标志性人物，共获得过 4 次奥斯卡最佳女主角奖和 12 次奥斯卡奖提名的女演员，简直是好莱坞的传奇。

然而就是这个不平凡的女人，在成名之前的一段时间里也异常忧虑。

在那场让她一夜成名的关键演出前的十几分钟，她甚至紧张到即将瘫痪，不得不看医生。

经验丰富的医生在安抚完她的情绪后，声称自己刚好有一种新药，专门克服恐慌情绪，效果又快又好。于是取出一个小瓶，并将其中的液体吸入针管告诉赫本放轻松，不要想任何事情，这种药立刻就会生效。

几分钟后，赫本竟然真的镇定了很多，然后信心百倍地走上舞台，完成了一场精彩绝伦的演出。

在庆祝宴会上，赫本去感谢那医生时，医生告诉她：“你真正应该感谢你自己，是你自己在努力，其实演出前我给你注射的只是一小瓶蒸馏水。”赫本反应过来后忍不住哈哈大笑。

很多时候，这种压垮我们的无谓的忧虑恰恰就是我们自己。无谓的忧虑真是害人不浅，如果你还在以这样的方式，压抑地生活，那就赶紧寻求一些途径来摆脱它吧！千万不可任其发展，那样形成恶性循环，后果就严重了。所以一定要防微杜渐，尽量避免忧虑，今天才是最值得珍惜的。

畅销励志书籍《羊皮卷》上一句话让人记忆犹新：“我相信今天是我此生最好的一天”。抱定这样的信念，去好好工作、好好生活，你会发现今天真的就是你此生最好的一天。

至于明天，不可忧虑，但必须要慎重规划。明确自己的任务目标，可以试

着写一些工作计划表之类的东西，每天依次行事，然后全力以赴地去做该做的事情。或者每天早晨起来大声读一些励志的书籍，激发活力。工作好了，心情放松了，你的明天自然就会更好的。

理性地对待生活，正视人生本来就充满了磨难的现实，然后学会接受和解决忧虑。如果真的遇到麻烦事，那就顺时应势，先想办法静下心来，然后冷静分析事情发展，做好最坏的心理准备，同时朝着最好的方向努力。

要知道，很多事情没解决不是因为我们没有能力，而是我们缺乏去解决它的勇气。勇敢一点，用忧虑的时间去想一些切实可行的办法，或者果断采取措施，或者干脆放弃。不要拖延太多时间，相信自己的决定会让你倍感轻松。

人生本来就是这样，你越是强求的东西越不容易得到，就像一首歌词中写的那样："不必烦恼，是你的想跑也跑不了；不必徒劳，不是你的想得也得不到……"

无谓的忧虑，让我们的面容写满疲惫；无谓的忧虑，让我们的情绪找不到出口；无谓的忧虑，让快乐的生活变得遥不可及。放弃那些无畏的忧虑吧，坦然面对生活中的每一天，古语云："平生不做亏心事，半夜敲门也不惊"，问心无愧的行事做人，让那些无谓的忧虑都随风飘逝！

5. 虚荣令人备受煎熬

"没有虚荣的生活几乎是不存在的"，一代文豪托尔斯泰曾这样说过。是的，每个人都虚荣，自古以来人们都习惯于以虚假的方式自欺或者欺人，但与此同时也都备受煎熬。

现实生活中常常有这样一些人，他们打着保护自尊的幌子，追求一些无谓的东西，任那华丽外衣下的灵魂无比空洞。在贪慕虚荣时，人都变得麻木，似乎从来不会在乎那只是虚幻的海市蜃楼，或者昙花一现似的飘渺的梦。殊不知把握在自己手中的真实才最可靠。

事实上，每个人都虚荣只是多少不一罢了，因为人“生而有欲”，这是不可避免的。区别在于有些人能抑制自己的虚荣心，甚至因此而压力倍增，从而不断地充实和完善自己；而有些人则在虚荣心驱使下，变得自私自利，不择手段去达到自己的目的。

也就是说适当的虚荣心是正常的心理需要，没有一个人不渴望被认可或被羡慕，但虚荣要有度，太过虚荣就非常危险了。

自尊心强没有错，注重形象要面子也没有错。但如果过分沉湎于不真实的夸耀中，就很容易走向极端，最终害人害己。

当今社会更是这样，诱惑多了，虚荣自然也随之增长了。男人以自己的名誉、地位、票子、车子等为资本，女人则拼命追求名贵的衣着、俏丽的容貌、让人羡慕的老公、车房等。有些东西当然是必要的，但不可追求过高，奢侈富足的生活往往潜藏着深重的危机。

老子在《取舍》中所言：“难得之货使人是以圣人之治也，为腹而不为目，故去彼而取此”，现代人好像永远不会仅仅满足于此了。

从心理学角度来讲，虚荣心就是一种被异化的扭曲了的自尊心，是一种不健康的心理形态和性格缺陷，与爱美之心和荣誉感有着本质区别。虚荣心过度集中的表现主要是：贪慕虚荣、攀比无度、高傲自负，在生活中，这些人往往过分在乎别人的评论，表现欲极强，并经常伴随嫉妒心理。在《权子·顾惜》中耿定向谈到一个《孔雀爱尾》的故事，很有意思：

有一只雄孔雀，它的长尾非常漂亮，总是闪耀着耀眼的光芒，美得难以形容，连画家都难以描绘。

自然地，它对自己的尾巴珍爱有加，是它无论到哪儿都值得骄傲的资本。

这只孔雀生性忌妒，每每遇见穿着华丽衣服的人，就拼命追着啄他们。

有一天下雨，雨水打湿了它的尾巴，捕鸟人眼看就到眼前，可是它还在乎

着未干的美丽长尾不肯飞走，到底被活活捉住了。

为了一些莫须有的东西，人们常常牺牲得太多。就像那只可笑的孔雀一样，甚至失去自由和生命。把一些毫无价值的事物视作是生命中的最高追求，这就是虚荣的可悲和愚蠢。相信大家应该都记得《皇帝的新装》那篇有趣的童话故事，如果不是因为虚荣，那个皇帝又怎会贻笑大方呢？

《理解人性》一书中，作者阿勒德这样说道："虚荣的人总是知道如何将错误的责任推卸到他人的身上。他总是对的，别人总是错的。然而，在生活中，谁对谁错很少有关系，因为唯一有价值的事是某人的目的、所获得的成就以及对他人生活的贡献。虚荣的人则充斥着抱怨、辩解和申辩，以此代替这种贡献。"过分虚荣总是能让人在不知不觉中变成一个肮脏龌龊的小人。

春秋时期一个齐人，总是在妻妾面前大摆阔气，不胜威风，每天回家都对妻妾讲某某达官宴请了他，某某贵人成了他的朋友。

禁不住好奇心的妻子为了弄清事实真相，有一天就偷偷跟他出门。结果令她们痛心疾首，这个每天在她们面前趾高气扬的、她们委以终身的男人，竟然在坟地里乞讨，每天吃人家祭祀过的残羹冷炙。

男人回来后不知她们已经知道，还在那里得意洋洋。

故事读完，笑过之后也令人颇感悲哀。孟子辛辣深刻的讽刺给我们留下了什么，这样的故事在现在竟然还是层出不穷地上演着。

虚荣是可怕的魔鬼，侵蚀了人脆弱的灵魂，虚荣令我们备受煎熬，那我们要如何才能克服它呢？

首先，必须要正确认识自己、悦纳自己，肯定自己的优秀以及发现自己的不足。

西班牙有这样一句谚语："自知之明是最难得的认识"，正确认识自己不是一件容易的事情。要全面客观地认识自己，悦纳自己，在发扬自己长处的同时，承认自己的缺点，毕竟"尺有所短，寸有所长"。然后取长补短，让自己真正进步。你会发现这样的结果比处心积虑伪饰的虚荣要自在得多。

记得一本书中有这样一句话：“文化与情感一样，是需要传承的，人可以一夜暴富，却不可能一夜从草根变成精英”，很值得深思！

其次，正确对待别人的看法和评价。

很多时候虚荣心来源于对别人看法和评价的过分看重。在乎别人对自己的看法和评价本没有错，人毕竟是社会人，不能对别人的评论熟视无睹，但如何正确对待那些评论却显得更加重要。

很多人看过《神话》，其中有一句很经典的台词：“我醉没醉那是在别人眼里，我醒没醒那是在我心里”。人们总是喜欢以外在的、表层的东西来认识别人，真实的你其实只有自己心里才清楚。

无论在别人眼中怎样，只要你理智地面对自己的灵魂，清醒地过自己的生活，那么虚荣在你的世界里，绝对会“自惭形秽”。就像王维诗中写的那样：“行到水穷处，坐看云起时”，淡定地去生活吧！

最后，想要克服虚荣还得摆脱从众的心理。

中国人的从众意识一直很强。从众指个人受到大多数人群行为的影响，而在自己的意识、判断、行为上表现出符合于大众舆论或多数人的行为方式的心理意识，说白了也就是“随大流”。多数人的想法当然有一定的依据，但是不依据自己实际情况作出独立思考就盲目从众，会让你变得失去自我，如一具行尸走肉。

有时候从众只是虚荣的一种掩饰和借口，社会上出现了盲目攀比、行贿受贿的不正之风，有人默然接受甚至去亲身实践，然后说是因为大家都这样，这不显得做作吗？所以不要让从众心理掌控你的思想，那样后果会不堪设想。每个人都应该有自己的思维和行事方式，何必让自己的头脑成为别人思想的“跑马场”？

人生稍纵即逝，每个人都想让自己的人生完美无瑕，明知不可求而求之，这是人的本性。只是在浮华过后，沉下心来，你也许会有意外的感悟。人是为

自己而活，别让那些表面上的华丽掩饰了你人性的美好，别让虚荣玷污了你美好的人生。

6. 不快乐，常是攀比惹祸端

“梅须逊雪三分白，雪却输梅一段香”，世间万物都存在差异，各有优劣，不要只会抬头仰视，而忘了其实你还可以选择自然平视，从平衡中找回那些曾经的快乐。

生活中，我们总是会不经意间做这样的比较：

他家房子比我家大，装修比我家好看……

他的工资比我高，福利比我好，挣的钱比我多……

她的衣服比我的好看，手机比我的先进……

她老公比我老公优秀，又会挣钱，又疼老婆孩子……

他家孩子比我家孩子优秀，学习成绩好还懂事……

从小到大，我们似乎一直在不停地和朋友、同学、同事、亲戚，甚至是陌生人进行着比较。小时候比成绩、比吃穿、比玩具，长大后比事业、比财富、比家境、比爱人。如果发现自己比别人优越，就会暗自得意，但如果比别人差，往往就会失落不开心。

比较也就是攀比，是一种常见的竞争心理。人们往往会在物质条件、能力、智力、精神等方面刻意和别人进行比较，找到自己比别人优越的地方，以获得心理上的一种满足感和成就感。但在很多时候，比较的结果是，我们总是在一些方面比不上人家，于是乎出现连锁反应——不快乐。

攀比是一把双刃剑，分为正性攀比和负性攀比。正面积极的比较，能够激发人们的竞争欲望，使人产生动力，克服困难，努力前进。而负性攀比，则极易让人心里失衡，陷入思维的死角，精神压力加大，产生自我否定等不快情绪。

张强大学毕业后，参加了公务员考试，最终顺利过关，到家乡小城的政府机关里做起了公务员。

虽然收入不高，但和周围那些没有稳定工作的朋友一比较，张强就觉得自己运气还不错，也乐得过着平凡安逸的生活，但是 5 年后的大学同学聚会，却扰乱了他的生活。

聚会刚开始，张强见到了多年不见的同学，分外开心。一阵谈天说地后，张强渐渐沉静下来。

因为他发现，曾经的同舍好友，走了经商之道，自己创业打拼，如今已是功成名就。开的是大奔，住的是别墅，老婆也比自己老婆漂亮有气质，派头十足。

可张强自己呢？工资每个月都是雷打不动那么点。房子是贷款买的，每个月还要抠抠缩缩还房贷。把自己的国产车往人家大奔旁边一放，顿时逊色很多。

张强越比较越觉得自己不如人，在好友面前无法抬头，便随便找了个借口闷闷不乐地回了家。

从此以后张强就开始对自己的生活不满起来。整日愁眉苦脸，逢人便抱怨工资太少、车太差、老婆不体贴、生活很无趣等。

同事们都劝慰他说："人比人气死人，你这样比较，怎么会开心呢？和那些呆在小私企的打工仔们比起来，我们已经算很幸福的了，要知足啊。"

可张强仍旧会不自觉地与比自己过得好的同学比较。不停地攀比，给他带来了巨大的精神压力，失去了往日的笑容。

由此可见，负性攀比，不但无法使人前进，反而会让人平添很多烦恼，无法快乐地生活。很多时候我们会感到失落和不满足，仅仅是因为自己不如别人，不及别人过得幸福。《牛津格言》中说："如果我们只是想获得幸福，很容易就能实现。可要是想比别人更幸福，那就会变得非常困难。因为我们对别人幸福

的想象总是远远超出实际。”

导致攀比向负性发展，引起不良情绪，无非就是人们的嫉妒心、虚荣心和消极惯性思维在作祟。

1. 嫉妒心

嫉妒心理是我们人性的弱点之一，容易导致人们的极端攀比，严重者甚至还会做出伤害他人的行为，不仅伤害他人还会让自己背负道德的谴责，感受不到真正的快乐。

2. 虚荣心

虚荣心也就是我们常说的“面子”。当比较过后，发现自己在某些方面不如别人时，很多人就会觉得这是件很丢面子的事。虚荣心人皆有之，但不可任其无限膨胀，否则虚荣心就会衍变成一个无底洞，怎么填也填不满。虚荣心得不到满足，失落之心也就随之而来，快乐也就无从说起。

3. 习惯性思维

习惯性思维是导致负性攀比的最重要的因素，当人们面临竞争时，会不自觉地就陷入与别人的比较中，看他是比自己强还是弱。当自己比对方强时，就会感觉自己的胜算大；反之，就会感觉自己一定会失败，从而导致自己灰心失落。

上面我们说过，攀比是一把双刃剑，负性攀比不可取，那我们怎么才能做到正性攀比呢？你可以尝试以下方法。

1. 自我暗示

所谓自我暗示，即自我肯定。你需要改变以往那些消极的思维模式，对攀比形成积极的认知，用积极的语言、动作或符号来激励自己。为自己制定合理的预期目标，并在心中默念“我不比别人差，我一定会行的”之类的积极乐观语言。这就会让自己充满信心，勇往直前。

詹姆士·艾伦曾写过这样一段话，“一个人所能得到的，正是他们自己思想的直接结果……有了奋发向上的思想之后，一个人才能奋起、征服，并能有所成就。如果他不能奋起他的思想，他就永远只能衰弱而愁苦。”

2. 纵向比较

纵向比较也就是与自己做比较。有人曾说过：“和别人比较的人是懦夫，和自己比较的人才是真正的勇者”，所以，真正的成功者并不是在与别人的攀比中产生的。他们是不断地与昨天的自己进行比较，不断地从昨天的自己那里吸取失败的经验，不断地看看今天的自己是不是比昨天进步了。

他们在这样的不断“攀比”中，完善自己，最终使自己走向成功。

3. 酸葡萄心理

我们大家都听过小狐狸吃葡萄的故事，故事中的小狐狸经过一个院落时，看见里面的葡萄藤上挂满了一串串诱人的葡萄。小狐狸试图摘下来，但是因为它太矮了，尝试了几次都无果，无奈之下，他对自己说：“哼！那葡萄一定是酸的。”

人们也经常会用“吃不到葡萄说葡萄酸”来形容人们做不到某件事时的自我安慰心态，但大部分人会觉得这是含有贬低之意的，意指这种人不思进取，不求上进。

其实，当我们面对一些自己能力以外的事情时，不防就像小狐狸一样来一个“酸葡萄”心理。在这时葡萄的酸甜，其实不重要，重要的是你正确地来评估自己的能力。当自己对自己有一个正确的认识时，自然也就不会去做一些超出自己能力外的事，这样自然也不会出现负性攀比。

4. 自强

我们之所以会出现负性攀比，主要原因还是自身实力没有达到自己的期望水平，以致心理失衡，失去自信和快乐。所以，提升自我实力，让自己不断前进，变得强大起来，也能帮你克服攀比。

其实，生活中的很多不快，常常是攀比惹的祸。攀比这把双刃剑一直掌握在我们自己的手中，是忧是喜，关键就在你怎么自我调节和控制。

7. 拔除嫉妒的心灵毒瘤

嫉妒是一种恨，此种恨使人对他人的幸福感到痛苦，对他人的灾殃感到快乐。

——斯宾诺莎

当你看到身边的亲朋好友、同事邻居拥有的比你多、比你好，过得比你幸福快乐时，你的内心是否会如此恨恨地想：可恶！凭什么比我有钱，比我幸福？凭什么他加薪了，不给我加？……老天真不公平。当他遭遇不幸时，你的内心就会暗自窃喜，幸灾乐祸。

嫉妒是我们每个人都会有所体验的一种基本情绪。当你把自己和别人进行比对，发现不如意时，一般都会经历失望、羞愧、屈辱、挫败、怨恨到发泄这样的心路历程，这一系列的心理感受和行为其实就是嫉妒的典型表现。

导致嫉妒的原因有多方面，主要在同一竞争领域的两个竞争者之间产生，比如同事、同学或情人之间。那些被嫉妒的对象的优越之处，往往就是你嫉妒的祸源。

当各方面条件和实力与你相当的人地位比你优越时，你会抱怨。那些看似不公的差异，往往就会导致你心理的严重失衡，以致出现屈辱、抱怨等不良情绪。

当被你厌恶或鄙视的人比你优越时你会憎恨，一个被自己轻视的人，却过的比自己还好，拥有的比自己多，这无疑是对自尊心的一种践踏，于是你对他的厌恶更进一步，甚至还会发展为憎恨在心中慢慢滋长。

当你遇到真正比你强大和优秀的人时你会羞愧。被强者比下去的挫败感，会让你灰心丧气、羞愧难当。你需要找一个安慰来弥补和遮掩这种失败，于是你就开始为自己寻找安慰，以“诅咒”来“祝福”他早日倒霉。

这些可怕的嫉妒是件很阴暗的事，常被比喻为心灵的毒瘤，不仅腐蚀人们的身心甚至还会伤害他人。著名文学家莎士比亚也曾这样告诫世人："你要留心嫉妒啊，那是一只绿眼妖魔。"

当你心怀嫉妒的时候，你的内心会潜在一种破坏他人幸福的倾向。在这种情绪的影响下，你会对自己的不幸失去积极的认知，更多时候会深感无奈，无法容忍别人的优秀和快乐，甚至使出卑劣的手段去破坏别人的幸福。

三国时期，诸葛亮和周瑜堪称当时最聪敏的两个军师，但真正比较起来，诸葛亮却比周瑜更胜一筹。周瑜是个心胸比较狭窄的人，看不惯诸葛亮比自己聪明，便对他心生嫉妒。

周瑜当上南郡太守后，为了伺机报复诸葛亮，便上书孙权，建议让大将鲁肃去讨回曾被刘备"借"去的荆州。孙权采纳了他的意见。

鲁肃到了荆州后，诸葛亮让刘备使苦肉计在鲁肃面前放声哭泣装可怜，让鲁肃转告孙权说，他们会归还，只是暂且缓一缓。

于是鲁肃铩羽而归。周瑜见状，知道鲁肃又上了诸葛亮的当，于是更加记恨诸葛亮。发誓一定要讨回荆州以出出这口恶气。

周瑜又让鲁肃去告诉刘备："东吴会把西川夺过来给刘备。"实际周瑜是想借夺西川之名抢夺荆州。

诸葛亮听说后，马上识破了周瑜的计谋。悄悄埋伏在荆州城楼上等候周瑜，周瑜一到荆州，刘备大军便把周瑜的大军四面包围起来。

周瑜发现自己又输给了诸葛亮，气得大叫一声，致使旧伤复发，从马上摔了下来。

周瑜被救回营帐后，有士兵来报说诸葛亮和刘备正在前面山顶上喝酒唱歌呢。周瑜知道诸葛亮这是在讥讽自己无力夺取西川，于是更加愤怒，下令攻打西川。

此时诸葛亮又派人送来信劝说周瑜不要去攻打西川，不然曹操很有可能乘虚而入去攻打东吴。周瑜本已被气得半死，再听诸葛亮这样的风凉话，顿时气血攻心，口吐鲜血，不久之后就气绝身亡了，临死前还发出了那句流传千古的绝叹——既生瑜，何生亮！

其实真正把周瑜害死的，不是诸葛亮，而是他自己的嫉妒心，是嫉妒让他心生怨恨，最终抑郁而终。

在你打击报复、伤害别人的同时，你也无法得到生活的真正乐趣，心胸反而会渐渐变得狭隘和冷酷，性格变得孤僻、阴沉，身心背负着巨大的压力。由此可知，嫉妒伤害到的不仅仅只是内心，还会伤害到你的身体。

所以，当你出现嫉妒心理时，要及时摆脱，以免对自己和他人造成伤害。想要拔除这颗毒瘤，你可以这样做：

1. 看清嫉妒的危害

嫉妒是一种损人害己的不良心理。如果总是沉溺于嫉妒的不良情绪中，不但会让你的精力分散，延误自身素质的提高，还会产生怨恨、抑郁等负面情绪，从而影响到自己的人际关系，日常生活、工作等各方面。所以，远离嫉妒的第一步，就是要看清嫉妒的多方危害，时刻提醒自己。

2. 提高自身实力

人们之所以会嫉妒，大部分原因就是觉得自己不如别人，不希望别人比自己强大。所以，消除嫉妒最好的办法，就是努力让自己的学识、能力等自身素质不断提高，让自己不断强大起来。当你超越别人时，心中失衡的天平不再倾斜，嫉妒也就消失不见了。

3. 改变自私心理

嫉妒是一种非常自私的自我膨胀表现。因为害怕别人的强大会对自己的利益造成不利，所以就以嫉妒的方式来进行自我保护。自我保护是人类的一种本能反应，但过度的保护就成了自私，所以，要想消除嫉妒就要改变自己的自私心理。

4. 客观地看待和评价他人

尺有所短，寸有所长，每个人都有自己的优缺点。你不可能什么事都比别人差，别人也不可能任何方面都比你优秀。要客观地看待自己，不要只看到自己的缺点而看不到优点。同时还要理性客观地判断别人，正确衡量双方的差距，为自己找到一个平衡的支点。

5. 换位思考

换位思考，也就是将心比心。当你的嫉妒之火燃起时，可以试着去站在对方的角度和位置想一想，体验和理解别人此刻的感受，也许你内心的妒火就会就此熄灭。

有差异，就会有比较，有比较就会有竞争，我们的生活，竞争无处不在，嫉妒也不可能完全消除。但这样的负面情绪，还是尽量避免的好。

拔除心灵的这颗毒瘤，放下那些沉重的枷锁，你的生活才会轻松自在。

8. 试着与烦恼做朋友

“树欲静而风不止”，你不想要风雨，但它们却频频把你打扰。烦恼总是这样，怎么甩也甩不掉。既然如此，那就转身和它成为朋友吧。

在讨论这个话题之前，让我们先来看一则小故事。

唐代有两个著名的隐士，分别是寒山禅师和拾得禅师。两人交情十分深厚，常常在一起探讨人生。

一天一个小和尚问自己的妙德禅师：“如果有人不喜欢我、嘲笑我、诽谤我、辱骂我、贬低我，甚至是欺骗我，那么，我应该如何应对呢？”

妙德法师笑呵呵地说：“没关系，这都不是问题，你可以让着他、忍着他，甚至是由着他、敬着他，这样不出几年，你再回过头来看看那个人是怎么对你的，你看看寒山和拾得两位禅师就懂得了。”

小和尚听完后顿悟，他冲妙德法师呵呵笑了起来。

之后，山中就流传出以下一首《忍耐歌》：

“寒山拾得笑呵呵，我劝世人要像我。忍一句，祸根从此无处生。饶一著，切莫与人争强弱。耐一时，火坑变作白莲池。退一步，便是人间修行路。任他嗔，任他怒，只管宽心大着肚，终日被人欺，神明天地知。若还存心忍，步步得便宜。”

生活中的各种烦心事，大到身处困境、事业受挫、梦想破灭、遭遇不幸等人生大事，小到丢了钱包、挨了骂等鸡毛蒜皮的小事，都会让我们哀叹唏嘘，烦恼丛生。生活在继续，我们的烦恼也源源不断，旧的解决了新的又开始，总是没完没了，我们该怎么办？

那就不妨试着与它做朋友吧。烦恼无穷尽，我们既然无法避免，那就换一种心境来对待。这样才能减轻它对我们心灵的拘畔，就像拾得禅师说的那样少去理会它，它自然就很少来烦你。

我们也常听人说生活犹如天气，有风和日丽，也有狂风暴雨；有快乐如意，也有烦扰忧愁。快乐与否关键在于自己的选择。明天是何种光景，又有谁能猜到？重要的是活在当下。今天快乐也是过，不快乐也是过，那何不选择能让自己愉悦的那份心境来度过呢？

古印度的罗阅祇城里有个婆罗门祭司，听说舍卫国人民非常信仰佛法、家家供养佛法僧三宝，且大多善于修道，便非常向往。于是他就打点行装，开始前往舍卫国观光礼佛。

这天，他来到了舍卫国郊外，路过一片农田时看见一对父子在田间辛劳耕作。突然，一条毒蛇悄悄爬到儿子面前咬了他一口，不一会儿子就毒发身亡了。看到儿子突然身亡，父亲应该悲痛万分才对。可这位父亲的表现却非常淡然，既没有号啕大哭，也没惊慌失措，就像什么也没发生一样头也不抬地继续干活。

婆罗门非常惊讶这位父亲的反应，自己儿子死了，竟然如此无动于衷，这太不合常理了，到底是什么让他如此冷酷？于是上前问他原因。

没想到那位父亲却反过来问婆罗门：“你从什么地方来？来我们这儿干

什么？”

婆罗门回答道：“我从罗阅祇城来，听说你们国家的人非常信奉佛法，所以就想来贵地求学修道。但是我很疑惑，你的儿子被蛇咬死了，你为什么一点也不悲伤哭泣，竟然还有心思继续耕地？”

父亲淡然说道：“世间万物以及人都会经历生老病死，这是大自然的规律，悲伤哭泣又有什么用呢？如果我选择忧伤痛哭，我将会茶饭不思，没有心思做任何事，那不就是跟死了一样吗？如果这样活着，那生活还有什么意义？你进城路过我家时，麻烦向我的家人转告一声，告诉他们我儿子死了，不用再带两个人的饭菜了。”

婆罗门听完后惊诧不已，认为这个父亲简直毫无人性，还有心思想着吃饭。

当婆罗门路过那个“冷血”农夫家时，把这个噩耗告诉了农夫的妻子。谁知他的妻子听完后，反应竟然和她丈夫一样，不但对儿子的死无动于衷，还对婆罗门说道：“人生犹如匆匆过客，随缘而来，随缘而去，我的儿子也是一样啊。”

婆罗门非常生气，又把这个噩耗告诉了死者的妻子，没想到死者的妻子还是一样的反应，婆罗门愤怒地问道：“你的丈夫死了，你难道一点也不悲伤？”女子沉默不答，不再理会婆罗门。

婆罗门怀疑自己是否走错了地方，他可是听说这个国家的人民重佛法、慈爱善良，才想来这儿学习的。没想到竟遇上这样一群冷酷无情的人，像这样的人怎么配礼佛修道呢？

婆罗门非常困惑，于是找到佛陀向他请教，佛陀说道：

“你口中这些冷酷无情的人，其实是真正明白人生的人啊！他们明白人生无常，万物有规律，再怎么烦恼忧伤也无济于事。明白了这点，他们也就没忧伤烦愁了。世间俗人常常被贪、痴、嗔三种烦恼所困，深陷其中不能自拔。如果能像农夫家人那样明白无常的道理，那么也就不再有烦恼。”

婆罗门听完后恍然大悟。

这个故事告诉我们，明白了世事无常，当不幸降临时你就会选择淡然的态度来面对，烦恼忧愁也就阻挡不了你继续生活的脚步。

人生漫漫，岂能事事如意？我们的一生总会遭遇这样那样的不顺心。当我们无力改变那些困苦时，转变一下态度也许就会柳暗花明。把诸多烦恼当做朋友而不是敌人，你的内心就会平和许多。

孔子在给他的学生讲课时说过："仁者不忧，知者不惑，勇者不惧。"其实，也就是在教人们怎么摆脱生活中的烦恼。

"塞翁失马焉知非福"，对于生活中的得失，你也可以做个心胸宽广坦荡的"仁者"，把他们看淡或忽略，你的烦恼也就少了一分。

所以一个真正做到内心仁、知、勇的人，就可以少些烦恼，多些淡然和快乐。

9. 白璧亦有瑕，接受自己的不完美

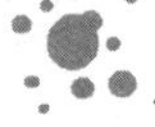

做一个勇敢的人，用生命的力量去化解那些遗憾。

——于丹

"金无足赤，人无完人"是我们再熟悉不过的一句话，人们也总是用这句话来鼓励自己去勇敢面对无法改变的自身缺陷和遗憾。可当真面对自己的不完美之处时，很多人还是忍不住要为此而烦恼忧愁，总是耿耿于心怀。

一座寺庙里准备选拔新的住持。这天，老住持把他最喜爱的两个弟子叫到跟前，吩咐他们去找一片最完美的叶子。

徒弟两人立马动身去寻找。过了一天后，两人都回来了。大徒弟把一片很普通的树叶交给了老住持，并且坦诚地说道："这片叶子虽然不是最完美的，但我觉得它很完整。"

而二徒弟则两手空空而归，他无奈地对老主持解释说：“我找遍了整座山，看了很多树叶，但是怎么找也找不出一片最完美的。”

最后，老主持把住持之位传给了大徒弟。

这个故事说明了什么？说明这个世界上根本就不存在最完美的叶子。我们人类也像树叶一样，不可能十全十美。

我们每个人都是被上帝咬过一口的苹果，都有缺点和不足，所以对自己不必太过苛求完美。可在现实生活中，有些人却无法正视这一点。

面对自己的缺点时，他们内心总会觉得羞愧和自卑。害怕被人耻笑，抱怨上天的不公，总是想尽办法去遮掩和逃避，不能积极去面对。久而久之那些缺点就成为一块无法愈合的伤疤，碰不得也去不掉。如果再总是揪着这块伤疤不放，一直纠缠其中，一遍遍地咒天怨地，还会加重心灵的负担，使情绪更加糟糕，且极易把自身的优点忽略，从而形成自卑等心理。

这样的负面情绪不但危害身心，还会对现实生活的诸多方面造成不利影响。

泰戈尔说：“如果你因错过太阳而哭泣，那你也将错过星星。”一种遗憾，本不算大，却可以在我们心中被放得无限大和黑暗，以致出现严重后果时才会幡然醒悟。

吉姆·吉尔伯特是英国著名的网球明星。小时候的一次痛苦经历让她的内心留下了难以磨灭的阴影。

吉姆·吉尔伯特的母亲一直受到牙痛的困扰。有一天，妈妈就带上年幼的吉姆·吉尔伯特一起去了牙科诊所。

看牙本是件很小的事情，吉姆·吉尔伯特以为这次看牙再平常不过了，不一会妈妈就能把牙治好，带她回家。可谁也没有预料到的是，她的妈妈竟然死在了牙科手术椅上。她亲眼看着妈妈因为治牙引发心脏病而亡。

从此，她的内心就留下了阴影而再也不敢去看牙医，她害怕自己也会像妈妈那样死在手术椅上。

这个阴影就这样一直伴随着她长大，她从没想过去自己消除，也从没寻求

过心理医生的帮助，她唯一做的就是逃避再逃避。

长大后她成了家喻户晓的网球明星，过上了富裕的生活。可她最终还是逃离不了牙病的折磨。

有一次，她的牙痛得很厉害，家人都纷纷劝她让牙医来看看。而且向她保证不用她去诊所，直接把牙医请到家里来。并告诉她，家里有亲人、有私人律师、有私人医生，没什么好害怕和担忧的。

她实在不堪牙病的折磨，最终答应了。

可是当牙医到达她家中，正准备医疗器械和药物给她做手术时，回头一看却发现吉姆·吉尔伯特已经死亡。

事后人们发现，吉姆·吉尔伯特实际是被小时候那个阴影杀死的。

这就是阴影的可怕力量，它可以无限大到致人丧命。这种极端的例子，大部分人当然很少遭遇，但也足够让我们意识到无法放下心结的严重后果。

有研究发现一个人在忧虑或愤怒的时候，他（她）呼出来的气体中二氧化碳的含量特别多。由此可见，如果长期对自身的缺陷或遗憾无法释怀，是会对身体造成极大损害的。

所以，当你自身那些缺陷和遗憾无法克服时，就要学着以平和的心态去接受它。

接受自身的不完美，并不是件可怕和丢脸的事，而是件需要勇气的事情。你需要像于丹说的那样“做一个勇敢的人，用生命的力量去化解那些遗憾”。

众所周知，美国最伟大的总统之一罗斯福是个有着很大身体缺陷的残疾人。一场小儿麻痹症让他双腿残疾，留下了终生遗憾。

小时候的罗斯福是个脆弱的胆小鬼，在学校里，他总是一副惊惧的表情，老师叫他起来背诵，他会紧张得双腿发抖，嘴唇颤动，言辞不清。而且他的牙齿暴露，长相不好，同学们总是以此来嘲笑和讥讽他。

面对这些因为缺陷招致的屈辱，罗斯福并没有像其他人那样自卑丧气，而是以极大的勇气来积极面对。

他从不逃避，从不自欺欺人，从不认为自己是勇敢、英俊和强壮的，而是尽量用实际行动去克服那些缺陷。

不能克服的，他就把它加以利用，面对身体残疾，他以超凡的政治才能和成就来体现自己的人生价值，最终博得了美国人民的爱戴。

像罗斯福这样的例子，在现实生活中举不胜举，比如梅兰芳、张海迪、海伦·凯勒、贝多芬等，他们都是身体存在缺陷，却以无比的勇气化解了自身遗憾而获得成功。

因此，不要总把自身的不完美，当做阻碍你成功的绊脚石，而对它厌恶之至。相反地，那些不完美有时候也可以成为你前进的一种动力，促使你去不断完善和提高自己，以获得自己所期望的成功。

你肯定也希望自己成为那样的勇者，拥有那样的成功。那么，我们要如何做才能成为那个拥有力量的勇者呢?

1. 客观全面地看待自己

即要有自知之明，这不仅要求我们要如实看到自己缺点，也要恰如其分地看到自身的优势所在，要全面而客观。既不放大缺点，妄自菲薄，也不盲目自信，骄傲自负。

2. 积极完善自我

把不完美转化成改变的动力，以其他方面的优秀来弥补此处的缺憾，你同样可以活得出彩。

3. 改变心态

不完美已是不争事实，何必再去多做计较。我们都希望过快乐幸福的生活，而幸福快乐只是一种感觉，与缺憾无关却与心相连。以积极轻松的心态来面对，你才能有幸福快乐的感觉。

维纳斯没有了双臂，却被世人看作世间最美的女人。你没有完美的身体、外貌、技能，同样也可以得到别人的尊重和喜爱。所以，用生命的力量去勇敢接受自己的不完美吧，没什么大不了的。

小测试 你容易被负面情绪侵扰吗

根据自己的实际情况做出回答，然后计算得分，看看自己是不是很容易被负面情绪感染?

1. 你喜欢喝哪种饮料?

A. 汽水与可乐（5 分）
B. 咖啡或是茶类（3 分）
C. 果汁类（1 分）

2. 你喜欢哪种天气呢?

A. 晴天（5 分）
B. 雨天（3 分）
C. 阴天（1 分）

3. 你平时会失眠吗?

A. 经常会有（5 分）
B. 偶尔会（3 分）
C. 从来没有（1 分）

4. 对于八卦类的消息，你会怎么样?

A. 有兴趣，但也只是听听就过了（5 分）
B. 很喜欢听这类的消息，并会断续传播（1 分）
C. 觉得有意思，会在脑子里反复地想（3 分）

5. 你喜欢看哪类的书?

A. 娱乐类（5 分）
B. 专题类（3 分）
C. 旅游类（1 分）

6. 你通常喜欢唱什么样的歌?

A. 抒情歌曲（5 分）

B. 喜欢唱适合自己的歌（3分）
C. 摇滚歌曲（1分）

7. 学校要举行大型歌唱比赛，你会怎么办?
A. 无动于衷（5分）
B. 看看情况再说（3分）
C. 踊跃报名参加（1分）

8. 你对于别人对自己的看法会怎么样?
A. 不会太在意（1分）
B. 如果是比较熟悉的人的看法会在意（3分）
C. 很在意别人对自己的看法（5分）

9. 你会觉得生活空虚无助吗?
A. 是的，觉得生活很没意思（5分）
B. 人多的时候还可以，一个人时就会觉得无助（3分）
C. 不会觉得（1分）

10. 你会酗酒吗?
A. 有时会（5分）
B. 朋友来时会喝点（3分）
C. 不喝酒（1分）

11. 平时会感到压力大吗?
A. 没有（1分）
B. 有时会觉得有些压力，不过还能承受（3分）
C. 感觉压力很大，影响到自己的情绪（5分）

12. 你喜欢穿哪种颜色的衣服?
A. 蓝色（5分）
B. 黄色（3分）
C. 绿色（1分）

诊断分析：

0—20 分：这个分数之间的人不太容易有负面情绪。这种人天性乐观，是别人眼中的开心果，朋友也很多，很容易就会排解掉自己的负面情绪。但是你最大的问题是一遇到感情问题就会容易冲动。

20—30 分：这个分数间的人只是偶尔会有一些负面情绪。这种人对自己及朋友要求比较严格，很容易为一些无谓的小事而烦恼。有自己的主见，但是有些固执，负面情绪主要来自于对现状的不满。

30—40 分：这个分数间的人经常会受到负面情绪的感染。这种人比较感性，做事也不果断，对于一些不公平的事就会感到很生气，而自己却只会选择逃离的方法来解决。

40 分以上：这个分数的人个性十分敏感，很多无关紧要的小事都会刺激他的脆弱心灵，使自己开始胡思乱想，甚至为此战战兢兢，终日不得安宁。

远离冲动，不做情绪的顺风草

1. 遭遇“苦瓜脸”，拒绝被传染

情绪就像传染病，不管积极还是消极，都具有很大的传染性。

孔子有云：贤哉，回也！一箪食、一瓢饮，在陋巷。人不堪其忧，回也不改其乐。贤哉，回也！”说的是孔子的学生颜回，家里贫困至极，住在穷街陋巷过着缺衣少食的生活，别人都替他难受他却能忍受下来，且还乐在其中。

如此安平乐道、乐观积极的人，怎能不受到孔子的赞扬？

其实颜回真正令人钦佩的不是他对艰苦生活的忍耐，而是他对待生活的乐观态度。在别人以这种生活为苦、愁眉不展的时候颜回却是一副阳光的乐观心态。

也许你会反驳说，生活就是那样，穷也过，富也过，一时之间也没有什么办法去改变，你不忍耐还能怎么着？颜回也是被逼无奈。真是这样吗？

回头细想一下，看看自己以及身边的人，有多少人面临生活的困苦时能做到像颜回那样的恬淡和乐观？恐怕你见到更多的还是一张张愁眉不展的“苦瓜脸”。

“苦瓜脸”，顾名思义就是一种苦相，是一种悲观、抑郁情绪的外在面部表情。当人们生活不如意时，就会陷入忧虑、抑郁、失落等负面情绪中。

如果你的身边有这样的“苦瓜脸”，一定要小心。情绪就像传染病一样，

不管是积极还是消极。如果是积极的还好，但如果是“苦瓜脸”这种消极情绪，原本积极的你，有可能也会受其影响，变得消极郁闷起来。

美国有心理学家通过调查发现，一个原本心情愉快、没有忧愁的人，如果长期与一个愁眉苦脸、心情抑郁的人相处，最终也会随之变得心情沮丧起来。更有研究进一步指出，这种坏情绪的传染时间，只需20分钟。具有强烈敏感性和同情心、惯于感性思考、缺乏知识、经验和认知比较单一的人，更容易受到感染。

在我们每天的日常工作和生活中，都会接触形形色色的各种人，而每个人都带着不同的情绪。在不知不觉中，那些带着坏情绪的人就会把这种不良情绪传染给你。你又会把这坏情绪同样传染给他人。在这样的恶性循环中，你是受害者，也会成为传播者。

周一的早晨，入职才3个月的小萍和平时一样按时来到办公室。刚进入工作状态，便听见一阵急促的脚步声闯进了安静的办公室，原来是邻桌的同事小丽急匆匆地进来了。

只见小丽一屁股坐到椅子上，便开始气呼呼地抱怨起来：“扣扣扣，才迟到2分钟就扣我工资，这日子真是没法过了。这种没人性没前途的公司，爱扣就扣吧，本小姐早就不想干了。”

听小丽这么一抱怨，原本心情还不错的小萍也开始胡思乱想起来。她细想之下发现，小丽真是个感性的人，心里有什么事，从来也藏不住，不管好坏，都会把一切情绪全表露在脸上。因为和小萍坐得近，所以小萍首当其冲就成了她发牢骚的对象。

小丽已经是公司的老员工，对公司总是充满了不满，常常怨气冲天，唠叨着要辞职。小萍是刚来才3个月的新员工，虽没有多大的雄心壮志，但对这份工作却还是充满了激情和希望，所以工作非常努力。但听多了小丽的牢骚和抱怨，自己情绪也常常也会受其影响而变得糟糕起来。

小萍非常希望通过自己的努力，得到公司老板的认可。每当她遇到自己无法解决的工作难题时，就会向经验比较丰富的老员工小丽请教，可是小丽几乎每次都是消极地说：“你这么卖命干嘛？其实，我刚来的时候也像你一样，可是你看我现在得到了什么？什么梦想什么希望，在这个公司你还是趁早打消这些念头吧。你看看那个小王，来了不到半年，论能力远不如我，却被提升为部门经理了，为什么？就因为他是老板的亲戚……”

听完这些，小萍的心里也开始起了波澜，在想：真是这样吗？自己和老板也没沾亲带故，这么拼命努力，会不会也会落得小丽那样的下场？

有时小萍也会想，小丽向来是满腹牢骚，消极对待工作。她说的话不可全信，不能受她那种消极情绪的影响，是好是坏还是先努力了再说。

可是正当她再次鼓起干劲时，小丽的的话又飘进了她耳朵里：最近，我看好了一家公司准备跳槽，那公司才叫好呢！全公司有四五百员工，一座大厦都是他们办公楼，福利待遇比咱这儿也好多了……

小萍极力想避开小丽的那些唠叨，让自己不受影响。可是每天抬头不见低头见，怎么躲也还是躲不开。渐渐地自己竟然也开始觉得这份工作没有什么前途了。在这样的公司工作，再怎么努力似乎也是没什么意义。

带着这样的情绪，小萍再也无法重拾刚来时那股工作激情，渐渐地也开始懈怠起来……

原本拥有积极情绪的小萍在小丽的影响下，最终成了小丽负面情绪的受害者。有调查研究表明，在工作职场中那些能在工作上取得较大成就、获得升职机会的人，大都不但能很好地控制自己的负面情绪，还能对别人的负面情绪形成免疫，做到很好的拒绝。

所以，当你不幸遭遇带有负面情绪的“苦瓜脸”时，一定要拒绝被传染。那么要怎么做，才能拥有这种免疫力呢？

1. 尽量远离“苦瓜脸”

仔细观察你身边的人包括同事、朋友、亲人，甚至是陌生人。看看他是否总是情绪低落、牢骚满腹？是否不是抱怨运气不好，就是抱怨老天不公？不管

他是有意无意，赶快远离他！否则，即使你有再强的免疫力，和这些负面情绪接触时间长了，你也会渐渐受其影响。

2. 提高自身修养

遇到不如意的事，要做到心胸开阔，理智冷静，不以物喜，不以己悲。面对别人的不幸和不悦，要向积极的方向去劝解和安慰，不要和别人一起陷入消极的泥沼。

3. 看到向你传染负面情绪的人的优点

有时候，遭遇“苦瓜脸”，不是说远离就能远离。当你无法远离时，就可以试着去寻找他积极优秀的一面。换个角度去看他，转移你对他的注意力，可以降低你受感染的几率。

4. 有自己的主见

一个缺乏主见、容易顺风倒的人，最容易受到别人不良情绪的感染。自己有主见，你才可以在别人产生负面情绪时，掌握情绪的主动权，用自己的积极情绪去感染别人，而不是被别人拉入消极的陷阱。

拿破仑说过：“我们怎样对待生活，生活就怎样对待我们。”当你以积极的态度面对生活，生活就会以积极的方式对待你，反之则消极。所以，苦瓜脸切不可有，尤其是别人的苦瓜脸更加见不得。

2. 冲动是魔鬼，理智来“过招”

“忍一时风平浪静，退一步海阔天空”，当你冲动时，最需要的不是发泄，而是理智的思考。

“忍一时风平浪静，退一步海阔天空”，把这句话用于控制冲动最合适不过。

所谓冲动，是我们一种强烈的负面情绪。当人们生气、愤怒的时候就很容易产生冲动的不良情绪。此时，人们的情绪极为不稳，会很容易对他人产生敌对情绪和攻击行为，这种情绪一旦过激，就会对我们的身心和生活造成非常不利的影响。

西班牙精神专家萨尔瓦多·蒙塔万方说过："冲动是人们正常行为举止的一部分"，也就表明，其实冲动与生俱来，是我们生命的一种特性。

冲动在我们人类发展的初期，促进了人类的发展，使我们生理和心理上的某些需求得以满足。但是，在某些特定环境下，当人们的某些要求得不到满足时，这种原本有益的冲动就会转变为一种不良冲动。它导致我们草率鲁莽、做事不计后果、言辞刻薄、思维紊乱等，甚至还会因冲动造成无法挽回的伤害。

汤姆是个汽车迷，在他的房间里摆满了各式各样的汽车模型，他的最大梦想就是拥有一辆真正属于自己的汽车。

但是小时候的汤姆非常调皮，不爱学习，以致成绩一落千丈。他的爸爸为了让汤姆好好学习，想出了一个办法。

这天，父亲对汤姆说道："汤姆，你想要真正的汽车吗？"

汤姆非常坚定地回答："当然想啊！"

父亲接着说道："那好，只要你好好学习，等你考上大学，我就送你一辆真正的汽车。"

汤姆高兴万分，激动地追问："真的！好，要说到做到哦。"

从此，汤姆不再调皮贪玩，转而认真学习起来。几年过去了，汤姆通过不断努力，真的考上了大学。

在得知考上大学消息的那天，汤姆为即将拥有一辆真正的汽车而激动不已，拿着大学录取通知书跑到父亲面前说道：爸爸，你曾经答应过我，只要我考上大学，就会送我一辆真正的汽车，你可一定要遵守诺言。"

"当然了，儿子，快去书房看一看吧。"爸爸也非常高兴，故作神秘地

说道。

可当汤姆来到书房的时候，发现书房里除了书，什么也没有。汤姆顿时非常生气：“爸爸竟然食言，欺骗我这么多年。”越想越气愤，悲伤的汤姆一气之下就离家出走了。

这一走就是十多年。在这十多年里，汤姆过得一点也不如意，生活过得非常落魄失意。最终他想起了家，想念起了自己的父母，于是决定回家。

当他来到房前，推开家门的时候，他惊呆了，他的家已经变得破旧不堪。走进院子，只见一个满头白发的盲眼老妇人坐在院子里。汤姆认出了是自己的母亲，立马满含泪水快步跑上前去大声喊着：“妈妈，是我，汤姆，我回来了。你怎么头发都白了，爸爸呢？他还好吗？”

原来当时汤姆离家出走后，他的爸爸为此内疚不已。到处打听他的下落。可是找了 3 年也没有他丝毫消息。最后父亲抑郁成疾，不久就离开了人世。他的母亲没了儿子，没了丈夫，只能以泪洗面，最终就把双眼给哭瞎了。”

“妈妈，对不起，我不该那么冲动……可是爸爸当时为什么要食言？没有给我买汽车？”

“孩子，你爸爸给你买了，只是你当时太冲动，没有再找下去，没发现。”

汤姆再次跑进书房仔细寻找，这才发现，原来在书桌上的一本圣经里，就夹着爸爸送给他的车钥匙。

汤姆这才幡然醒悟，为自己当初的负气冲动懊悔万分，可是如今的后悔为时已晚，他的冲动已经导致自己家破人亡。

由此可见冲动带给人们的危害是多么可怕！它就像魔鬼，是一种最无力也最具破坏力的武器。它带给人们的伤害远远超乎我们的想象。

日常生活中，我们也常常遇到这样的情况：办公室的同事，悄悄地到老板面前打你小报告；排了很长时间的队，前面却突然出现一个可耻的插队者；隔壁邻居在你正准备安睡时，却把音响开得很大；公交车上，因为拥挤，被人不小心狠狠踩了一脚；失意之时，被人落井下石……诸如此类情况下，我们很容易就会被激怒，从而做出一些令自己悔恨交加的蠢事。

心理学家指出，人的愤怒情绪一般只需几分钟，甚至几秒钟就可以平息下来。但如果在当时不及时把这种负面情绪转移，就会越演越烈。

你会越想越气，感觉忍无可忍，必须有所行动才能泄心头之气。等你发泄完之后才会逐渐冷静下来。

当你冷静下来之后，回头去想时又会发现，那些冲动之下做出的事，很多时候都是不应该、不理智的愚蠢行为。

2009 年的南非世界杯足球预选赛上，发生了这样一件令世人瞠目的事情。

那次比赛的双方是德国队和威尔士队，这两个队实力相当，所以比赛进行得非常激烈。

在比赛进行到下半场的第 38 分钟时，德国队队长巴拉克由于不满意波多尔斯基的表现，用手指了一下他，因为他觉得波多尔斯基在刚才的防守中表现不够积极，就在接下来的这一刻，场上发生了令世人瞠目结舌的一幕。

波多尔斯基走到巴拉克面前，抬手拨开他的手臂，随后顺势打了巴拉克一个耳光。

显然，巴拉克并没有预料到自己的队员会在此时打自己耳光，人们都在想，作为一个功勋卓著的著名老将，在众目睽睽之下受到一个年轻球员这样的侮辱，巴拉克肯定会暴跳如雷，立马还手反击。

但是他没有，他只是捂了一下被打的脸，愣了片刻后，又迅速投入到比赛中。德国队教练看情况不妙，立马就把冲动的波多尔斯基换下了场，才让德国队最终以 2∶0 的优势，战胜了威尔士队。

比赛结束后，鲁莽冲动的波多尔斯基成了媒体和大众的众矢之的，纷纷追问和谴责他为什么要打巴拉克耳光。

波多尔斯基羞愧万分，坦诚道：“我是一个白痴，给队长巴拉克的那个耳光完完全全不应该，他永远都是我的偶像。”

真相大白，原来波多尔斯基那个耳光，完全是冲动导致。他当时正因为自

己一直没进球，心情非常郁闷，看到队长说自己不是，顿时就火冒三丈，冲动之下就打出了那一巴掌。

巴拉克事后的表现，更是博得了媒体和大众的赞扬。他并没有过多指责波多尔斯基，只是平静地说："波多尔斯基还年轻，他需要学习的东西还很多，当时在比赛场上，我只是想和他讨论一下战术。"巴拉克如此冷静和大度，令波多尔斯基更加无地自容。

试想，要是巴拉克没有冷静控制住自己的情绪，和波多尔斯基一样愤怒冲动，球场上将会上演怎样一幕令世人耻笑的闹剧，德国队也许就不会顺利赢得最终的胜利。

所以，当你遇到令你气愤冲动的情况时，一定要学会克制自己的情绪。对此，你可以通过以下方式来转移你的这种不良情绪。

1. 自我暗示

当你感觉到愤怒时，可以在心底努力暗示自己，用理智告诉自己先冷静下来。比如当你面对别人的讥讽嘲笑时，不要立马激动反驳，你可以先保持沉默，迅速分析事情的前因后果，再采取消除冲动的"缓兵之计"。

2. 转移注意力

从心理层面来说，一般人的愤怒情绪，在没有再次刺激的情况下，最多持续 10 分钟左右。10 分钟后，一般都会渐渐冷静下来。所以，当你愤怒时，可以找点别的事情来做或思考，转移你的注意力，度过这危险的 10 分钟。

3. 安全发泄

有了愤怒的情绪时，不是不可以发泄，而是要找一种适当的、安全的方式来发泄。比如可以把你的愤怒之情诉诸于文字、运动等。

总之，认识了冲动情绪的危害，我们就要学会理智地控制它，以免这个可怕的"魔鬼"对我们造成无法补救的伤害。

3. 为内心的压力找一个出口

把社会给予的压力变为生命的一种反张力，做到随心所欲那样的一种淡定从容，这样的生命，才是有效率的生命。

——于丹

压力无处不在，生活带来的巨大压力，让我们常常见到或亲身体验这样的情景：

眼见上班快迟到，偏偏在路上遇到了堵车，顿时就焦躁不安起来，开始按喇叭、摔东西、骂脏话，甚至恨不得把堵在前面的车一脚踢飞。好不容易露出一条缝，却被一旁的车强行加塞给占了去，气得你破口大骂，甚至大打出手。折腾半天终于来到了办公室，还一直对此事耿耿于怀，跟同事抱怨个没完……

应该说，这很可能就是压力导致的不良情绪反应。日益加快的生活节奏、激烈的生存竞争、繁重的工作压力、单一乏味的日常生活、沉重的生活负担等，使我们经常生活在紧张的高压状态之下。

压力对于我们，有好有坏。适当的压力可以鞭策我们不断前行，但当压力过度却又没有得到及时排解时，就会超出我们的心理承受范围，引起冲动、焦虑、忧愁等不良情绪，让我们变得脾气暴躁、喜怒无常、情绪失控。

有调查研究显示：到医院门诊就诊的病人中，75% ~ 90% 的病人有压力问题；有 43% 的成人存在压力导致的健康问题。

如今，已有越来越多的人意识到压力的巨大危害，因此人们想尽各种方式去避免。但是社会在不断发展和变革，竞争永远存在，烦恼忧愁永无止境，所以压力我们无法避免，也无法逃避。

如此看来，难道我们真的就被压力活活给“压死”吗？

有一则这样的故事，值得我们深思。

在日本江户时期，武士之风盛行。当时有个善于茶道的茶师，因茶艺精湛而被人赏识，寄居在一位显贵家里。每天的工作就是给主人泡茶，和主人参禅悟道。

一天，主人有事要去京城一趟，因为实在难舍茶师泡的茶，所以就叫茶师随他一起进京。

可是，那时的社会非常动荡，经常有武士和浪人横行霸道，茶师对此行深感担忧，于是向主人推脱说："我只是一个普普通通的茶师，手无缚鸡之力，路上那么凶险，万一遇到什么不幸怎么办？"

"那你就打扮成武士的样子，别人看到你是武士，就不敢轻易欺负你了。"

见主人仍无放弃之意，茶师无奈，只好打扮成武士的样子，和主人来到了京城。

这天，茶师闲着无聊，就独自一人外出闲逛。一个武士迎面向他走来，看到茶师一副武士打扮，便指着茶师的佩剑说道："看来你也是武士，那咱们就比试比试，切磋一下武艺。"

茶师根本不会武功，哪里敢比，只好老实交代自己是假冒的。没想到，那位真正的武士认为茶师假冒武士，是对武士的不敬，遂决定杀死他。

茶师自知无法躲过此劫，便和他相约下午时在湖边比武。武士答应下来，然后离开了。

可是茶师却越想越害怕，觉得自己根本不是那个武士的对手，肯定小命不保。巨大的精神压力折磨得他最终放弃了生存的念头，跑回旅馆向主人请教，一种作为武士的最体面死法。

主人问清缘由后，什么也没说，只叫茶师再为他泡一次茶，茶师认真为他泡完茶后，主人对他说："你泡的茶，是我喝过的最好喝的茶，您只要用你泡茶的心去面对那个武士就行了。"

茶师似懂非懂地应约来到了湖边，心想，既然死定了，那就什么都不管了，就像主人说的那样，最后好好泡一次茶吧。于是当对手站在他面前时，他开始气定神闲地泡起了茶，动作从容而平静。

那位武士站在一旁看着，百思不得其解。越看越心虚，越觉得这个茶师非同一般，甚至觉得茶师肯定是个深藏不露的高手，自己可能都不是他的对手。

就在茶师泡完茶，抽出剑准备应战的那一刻，武士终于不堪压力，精神崩溃了，哐当一声跪倒在地，祈求茶师饶命，茶师也因此捡回了一条命。

看完这个有趣的故事，我们知道，是什么拯救了茶师吧！就是内心的从容和淡定。又是什么导致武士失败呢？就是那种无形的精神压力。

其实我们生活的压力就像一杯水，有多重并不重要，重要的是你能端它多久。也许一分钟的话，对你来说轻而易举；一个小时的话，你的手可能会有些酸痛；要是一天呢？那你可能很难办到。

随着时间的推移，你会感觉这杯水越来越沉重，直到自己觉得无法承受。其实自始至终，杯子里的水并没有增加，而是你对重量的压力感觉在不断升级。就像这杯水一样，如果你把这份压力一直担负在手上，随着时间的增加，你体力的消耗会越来越大，就会让你感觉这份压力越来越重，最终无法承担。如果想让我们承受这份压力的时间更长久，就要学会把这杯水放下，休息一会后，再来拿起你会发现轻松许多。

所以，我们需要为内心的压力找一个出口，“把社会给予的压力变为生命的一种反张力，做到随心所欲那样的一种淡定从容，这样的生命，才是有效率的生命。”为此，我们需要这样：

1. 适当降低自我要求，变“必须”为“可能”

很多人经常会自寻烦恼，用一些不切实际的生活目标和信条来要求自己，比如，经常过多地用“必须”、“一定”、“应该”等来要求自己达到某个目标，以致为自己制造和增添了很多没必要的压力。

其实只要冷静认真思考一下，你会发现，这些“必须”和“应该”转变成“尽

力而为”或“可能”会让你轻松许多，且事情常常也会迎刃而解。

如果你总是用“必须”来要求自己，势必会因为无法达到完美而有产生挫败、郁闷等消极情绪。

适当降低对自我的要求，并不是自甘堕落而是一种自我“和谐”。

2. 以静制动

“树欲静而风不止”，压力随时来袭。无论面临什么样的压力，千万不要乱了阵脚，鲁莽行事。

以一种平常淡定的心态来面对这些变幻无常，你就会多一份从容和智慧，甚至你会惊讶地发现，那些原本看似巨大无比的压力，实则正在慢慢变小。

3. 做自己内心的强者

在当今这样一个发展迅速的时代，我们需要减压，过一种更有效率和品质的生活。要想做到这点，首先就要让我们的内心强大起来。

在一座寺院的佛堂里，供奉着一尊用花岗岩雕刻的佛像，每天都有很多人踩着台阶前来顶礼膜拜。那些被人们踩踏的台阶也是用花岗岩做成的。

日子久了，那些台阶就心生嫉妒，对佛像很不服气：“你和我们一样，都是用同样的材料做成，凭什么你能受到人们的尊敬和崇拜，而我们却只能被人踩在脚下，任意践踏？”

佛像平静地说道：“因为你们只经过四刀就成了台阶。而我是经过千刀万剐才得以成佛，获得今天的荣誉的。”

由此可见，“天将降大任于斯人也，必先苦其心志、劳其筋骨”的道理并非一种站着说话不腰疼的善意安慰。既然压力无法躲避，那就试着为它找一个出口吧！把它转化成一种前进的力量。

在你经历众多压力的千锤百炼后，你的内心承受力就会变得无比强大，而那些压力自然就显得脆弱、渺小许多。

4. 别和他人发生无谓的冲突

任何决心有所成就的人，决不肯在无谓的争辩中耗费时间。争辩的结果，包括发脾气，失去自制，其后果是难以让人承担得起的。

在日常生活、工作中，我们经常会看到两个人为了某件小事情争得面红耳赤，甚至大打出手，最终闹得惨败收场的情景，比如拥挤的公交车上，两人因为踩脚或者抢座而恶语相向；同事之间在处理问题的方法上不同而发生激烈争执，从此横眉冷对，形同路人；朋友之间因为误会，从此断交……

这些冲突不仅解决不了实质性的问题，而且会严重影响人际关系，甚至结下仇恨，这是非常不必要的。

古语说："水至清则无鱼，人至察则无徒。"人与人之间发生的矛盾，人与人之间出现观念上的分歧，如果硬要弄个水落石出，做个定性的说法，往往只会适得其反。

所以，对待一些无关紧要或者非原则性的问题，我们大可以采取宽容、不计较的态度，避免无谓的冲突，这是我们生存的智慧。

春秋战国时期的孔子曾遇到这样一件事情。

有一天，一个浑身穿绿装的人来造访孔子，碰巧孔子外出不在家。

在等候孔子回来的期间，这位穿绿衣服的客人想先考考正在门外扫地的学生。走到学生面前问道："请问，你是孔子的弟子吗？能不能向你请教一个问题呀？"

孔子学生回答说："我是孔子的学生，请问您想请教什么问题？"

客人便问道："请问一年中共有几个季节？"

孔子的学生很疑惑这位客人为何问如此简单的问题，他莫名其妙地看了看对方，说："一年中当然分为春、夏、秋、冬四个季节了。"

听完孔子学生的回答，客人直摇头，他反驳道："不对，一年中明明只有三个季节，你怎么能说是四个呢？"

孔子学生听后，胸有成竹地争辩道："不！是你搞错了，一年的确有四个季节，我老师也是这样说的，一定是你搞错了！"

客人也毫不示弱地回敬道："别人都说一年只有三季呀，是你错了！"

就这样，两个人争来争去，也没争出个什么结果，于是那客人提出："要不我们打个赌吧！"

孔子的弟子自信地说："赌就赌，你说赌什么？"

客人便说："假如确定一年有四个季节，我给你磕三个响头，假如确定一年只有三个季节，你给我磕三个响头，你看怎么样？"孔子弟子二话没说，就答应了客人。

话音刚落，孔子就从外面回来了。孔子学生急走向前请教老师说："老师，一年到底有四个季节还是三个季节？"

孔子看了客人一眼，转过身回答弟子说："一年有春、夏、秋三个季节。"学生顿时傻眼了，而那客人则非常得意，说道："我说一年只有三个季节吧，让你不相信，既然你错了，赶紧给我磕三个响头吧。"

孔子的学生看了老师一眼，无奈地给客人磕了三个响头，客人开心地走了。

客人走后，学生不解地问孔子："老师，你以前明明告诉我一年有春、夏、秋、冬四个季节，怎么今天又改口说只有三个季节呢？"

孔子笑了笑，对学生说道："你没看到那个人全身都是绿色吗？其实，他是一只蚂蚱，春天生，秋天就死了，根本活不到冬天，所以，在他眼里一年永远只有他所经历的春、夏、秋三季。你们这样无休止地争吵下去，是不会有任何结果的。与其妄自伤神，还不如吃点亏磕三个头，成人之美。一举两得，何乐而不为呢？"

听完孔子的教导，学生恍然大悟。

从上面这个故事我们不难看出，与他人进行无谓的争辩，发生无谓的冲突等是非常不明智的。这不仅解决不了任何问题，而且会让自己显得愚不可及。只有尽力避免，才能使我们排除干扰，不为无谓的事情伤神。

那么，日常生活中，我们应该怎么做才能避免和他人发生无谓的冲突呢？这里，给大家介绍几种有效的方法：

1. 当冲突一触即发时，应试着及时转移话题

罗斯福总统对待他的反对者，常常会和颜悦色地说："亲爱的朋友，你到这里来和我争论这个问题，很好！但在这个问题上，我们两人的见解自然会有不同的地方，让我们换个别的话题来讲讲吧！"

这种首先亮出"免战牌"的方法能够有效地避免无谓的冲突。

2. 善于倾听，并且试着换位思考

善于倾听，深入了解对方的心理以及他的语言逻辑思维，换到对方的角度，考虑一下他的想法，找出合理的以及不合理的地方。

其实很多冲突都是因为互相只关注对方的不足导致的。如果先肯定对方合理的地方，就相当于营造了一个宽容和谐的气氛，在此基础上，对方也会试着留心你的优点。这样一来，便会化解无谓的冲突。

当然，也应多反观自身，考虑自己的不足之处，站到别人的位置来审视一下自己的观点。在换位思考、综合考虑的基础上，双方才可能心平气和、坦诚地交流，避免无谓的冲突。

3. 认清自己，建立高水准的自尊

俗话说得好："阎王好惹，小鬼难缠。"稍加留意，你会发现，在人际交往中，身份地位越高的人，往往更容易相处，而那些不上不下的人反而会刻意刁难他人。

所以，如果我们想要避免无谓的争论，就应该建立高水准的自尊，提高自身的内涵层次，培养宽阔的胸襟。

此外，如果总是和他人发生无谓的冲突，不仅无济于事，还会自贬身价。

4. 适当夸奖对方，欲擒故纵

在双方意见发生分歧时，切忌针锋相对、直接指出对方的错误，要巧妙地

避开敏感处，适当夸奖对方，这样他反而会注意到自己的缺点，并且心甘情愿地承认自己的缺点。

5. 坦诚主动地进行自我批评

在指出对方的错误时应间接委婉，而在对待自己的错误时，则应坦率承认并且大胆地进行自我批评。

因为对方肯定会指责你的错误，即然这样，还不如抢先把对方要责备你的话说出来，如此一来，他反而会以宽容、理解的态度来对待你。

6. 对他人做到“低压力”

如果我们想要对方接受自己的意见，而又不发生无谓的冲突，则应放弃威胁和强迫的手段，转为冷静陈述的方法。让对方感觉你不是在对他施压，将他逼近绝地。

如果使用威胁强迫的硬手段，只会让对方产生逆反心理，造成双方不必要的冲突。

7. 与对方交谈时，应保持语调和谐

声音的高低能反映并影响人的情绪，所以，在双方交谈的时候，应尽量保持语调和谐，声音不宜太高，这样可稳定情绪，避免无谓的冲突。

要明白，避免无谓的冲突并不是要你屈服于他人的观点和情绪上的压力而放弃自我，努力做事才是王道。

美国总统克林顿曾在白宫发表过一次演讲，其中就说道：“如果要我读一遍针对我的指责，再逐一做出相应的辩解，那我还不如辞职算了。我在凭借我的知识和能力努力工作，而且始终不渝。如果事实证明我是正确的，那些反对的意见就会不攻自破，如果事实证明我是错误的，那么就算有十个天使说我是正确的，也无济于事。”

无休止的争论和冲突不仅解决不了问题，反而会让事情变得更糟，要知道，实践才是检验真理的标准。

5. 坏情绪的不良发泄是侵袭人际关系的“癌症”

坏情绪的不良发泄会严重影响人与人之间的友好交往以及家庭的和睦，是侵袭人际关系的“癌症”，而最终的受害者不是别人，正是你自己。

在工作和生活中，我们经常遇到这样的情况：

老板因为工作上的事情心情不好，将火莫名其妙地发到自己身上；

自己因为工作或者其他事情上的不顺心，而迁怒于自己的另一半；

同事因为对领导或者工作不满，无休止地向你抱怨、发牢骚。

……

当出现这些情况时，你是怎么样处理的呢？你是否会对莫名其妙向你发火的老板心存不满甚至心怀怨恨？你的另一半会不会因为你的迁怒，感到莫大的委屈，甚至给你翻脸，闹得鸡犬不宁？看到那位喋喋不休的同事，你是否会跟躲瘟神一样唯恐避之不及？

相信答案是肯定的。

俗话说得好“人生不如意事十之八九”。遇到不如意不顺心的事情有相对的情绪反应是再正常不过的，况且我们每个人都是有血有肉的个体，七情六欲在所难免，要求自己或者他人跟个木头一样，冷漠没有情绪，也是不可能的事情。

但是，有很大一部分人在发泄自己的情绪时从不顾及他人的感受，好像自己痛快淋漓地发泄完后就万事大吉，至于谁来收拾自己撂下的烂摊子就不关自己的事儿了。

这种把自身承受的压力与痛苦转移到他人身上的自私行为，从短期来看或许可以宣泄自己郁结的怀情绪，达到自身的心理平衡；但是从长远来看，这是百害而无一利的。最终的下场会像上面所提及的情况一样。

由此可见，坏情绪的不良发泄会严重影响人与人之间的友好交往以及家庭的和睦，是侵袭人际关系的“癌症”，而最终的受害者不是别人，正是你自己。

王洁是一家民营公司的经理助理，辅助经理处理日常工作。

有一天，经理不知因为什么事情心情不好，一直板着个脸，当王洁将刚整理好的文件递交给经理时，经理极其不耐烦地快速翻看了资料，并且特别没好气地对王洁发火道：“你根本就没有用心搜集资料，这点事都办不好，你还能干什么？公司花钱让你来上班，不是让你来吃闲饭的！”说完将文件狠狠地摔在桌子上。

王洁被经理臭骂一顿后，心里觉得非常委屈，这些文件可是自己花了好多心血搜集整理出来的，经理不认真看也就罢了，还莫名其妙地对自己发火！王洁感到非常生气。

公司里和王洁有同样遭遇的同事不在少数，财会小刘也是“倒霉鬼”之一。

小刘前不久因为处理工作上其他紧急事宜而延迟了递交财务报表的时间，将财务报表交给经理的那天，恰巧经理因为什么事心情不好，正在火头上。

他看都没看报表，也没问清楚原由就劈头盖脸地呵斥小刘：“财务报表怎么现在才交？早干嘛去了？你这种工作态度，迟早会被开除！”小刘听了，非常不服气，刚想解释，经理就挥挥手不耐烦地说：“你出去吧！我不想听你解释！”

可怜小刘憋着一肚子苦水，有理都没处去说。

在不断的交往接触中，同事们都发现经理是个只要一心情不好就爱对别人发火的人。虽然平时没事时有说有笑的，但是一心情不好就翻脸不认人，这种时阴时晴的态度让同事们非常反感。

大家私下里都对经理有诸多不满，工作上也开始怠工，对经理下达的任务和指示也不再积极配合，甚至导致工作无法顺利进行。

时间一久，经理也感觉到了大家对自己的不满，迫于各种压力最终选择了辞职。

王洁的经理因为自己的不快而迁怒于下属，引起下属们的不满，严重影响了正常的人际交往和工作的进行，最终受害者还是自己。

所以，朋友们在发泄情绪时一定要注意适度、适当的原则，千万不要把坏情绪传染给他人，以免造成更坏的结果。

那么，当坏情绪来袭的时候，我们应该如何来有效调节、发泄自己的坏情绪，而不致影响自己的人际交往呢？这里，介绍给大家几个小妙招：

1. 弄清楚导致自己情绪不佳的原因，冷静理智地消解不良情绪

俗话说："解铃还需系铃人。"当你心情烦躁或者不快乐时，千万不要任这种坏情绪自然发展，而是要静下心来仔细分析找出产生这一坏情绪的原因，弄清楚自己到底在为什么郁闷、纠结或愤怒。

找到问题的症结所在后，再有针对性地寻求适当的方法和途径进行解决，比如，你如果是因为睡眠不足而导致自己心烦意乱（医学专家研究发现，睡眠不足对我们的情绪影响极大），那你就应该正常作息，补充自己的睡眠。

如果找不出原因，那么说明你可能处于情绪的"低潮期"或者"危险期"，过一段时间就会好转，无需太过焦虑。

2. 闭上眼睛深呼吸，放松自己的心情

闭上眼睛深呼吸是自我放松的好方法，它不仅能促进人体与外界的氧气交换，还能使心跳减缓，保持镇静，缓解即将爆发出来的情绪反应。

当你内心产生愤怒、紧张、恐惧等不良情绪时，可以通过这种方法来进行缓解，在这个过程中，大脑还可以想象一些美好的事物或者曾经经历过的愉快情境等有利于放松心情的情境。

3. 转移注意力，缓解不良情绪

研究表明，当情绪有所反应时，头脑中会产生一个比较强的兴奋点，如果建立一个或者几个新兴奋点，便可以冲淡或者抵消之前的兴奋中心。

所以，当坏情绪来袭时，你不妨暂时回避一下，将自己的注意力和思绪转移到其他更有意义的事情上去（特别是自己感兴趣的事情），比如看令人愉快的电影、做自己喜欢的体育运动、阅读有益的书籍、听舒缓的音乐等。

4. 适当地宣泄自己的情绪

不良情绪如果总是憋闷在心里，不发泄出来，会非常不利于身心健康。

当然情绪的发泄应讲究适度，不要过火。比如，遇到一件令人伤心欲绝的事情时，强忍泪水反而有害身心健康（泪水可以排除体内的有害物质，也可以缓解这种不良情绪），但是如果毫无节制地痛哭流涕，于己于人都无益。

所以在宣泄自己的情绪时，一定要把握好分寸，选择适当的发泄对象、时间、场合和方法，切忌殃及无辜人士，影响自己正常的人际交往。

5. 不要见人就猛倒苦水

有些人有这样一个习惯，只要自己有一点烦心事就会随便逮个人大倒苦水，喋喋不休，也不管对方愿不愿意听。发泄完心里好受了，就把别人撂在一边，不考虑对方的感受。相信这种人的人缘一定好不到哪去，甚至会招到许多人的厌烦。

如果不想做这样的人，建议你不要见人就猛倒苦水，要么找个合适的人选倾诉，要么采取其他可行的方法来进行调节。

6. 发怒具有无穷破坏力

过度发怒不仅会诱发心脏病，增加患其他疾病的概率，而且会影响与家人、朋友、同事之间的关系，具有无穷破坏力。

愤怒是人类的一种基本情绪。当个体的主观愿望与客观现实相背离时，人就会产生愤怒，愤怒会使人的行为不受意识控制。

引起愤怒的原因很多，包括心理因素、生理因素和环境因素等。其中心理因素，如个人修养、思想、情操、人生观、价值观等，与怒气的产生以及发怒的程度有着非常重要的联系。

面对同样的外界刺激，有的人怒气冲冲，有的人怒气比较小，有的人则非常平静，根本不动怒。而动不动就发怒的人一般都心胸狭隘，虚荣心过强，思维极端，缺乏修养，自制力差，听不进任何人的意见。

心理学研究证明，过度发怒不仅会诱发心脏病，增加患其他疾病的概率，而且会影响与家人、朋友、同事之间的关系，不利于自己的个人发展。尤其在情绪激动无法自控时，很有可能做出失去理智的蠢事，伤害到他人，到头来给自己带来许多麻烦。

著名国际影星罗素·克劳是好莱坞炙手可热的男明星之一，他的代表作《角斗士》一上映就受到了国际各界的一致好评，成为好莱坞经典电影之一。

荧屏上，罗素·克劳用精湛的演技征服了一大批观众。然而，现实生活中，一旦离开了摄像机，罗素·克劳就完全变成了另外一个人，他极爱发脾气，像一只暴躁的狮子。

虽然有明显个性特征的演员更受观众青睐，但是像罗素·克劳这样容易发怒、乱发脾气的还是很少有的。几乎没有人能够招架得住他的暴躁脾气，就连《铁拳男人》一片的导演罗恩·霍华德也坦言，克劳火爆的脾气让他拍片时与人共事很困难。

罗素·克劳脾气非常大这是众所周知的，他24岁时因为在拍戏的时候和另一位演员打架，之后还拒不道歉，所以被解雇。

2002年时，他又在工作室和一位制片人动起手来，同时还谩骂、威胁对方。2003年，又因为没有搞清楚事件的真相而袭击了自己的保镖。2005年，又被控在酒店里用电话袭击一名酒店工作人员。

还有一次，罗素·克劳荣获英国电影学会奖的最佳男主角奖。领到奖后，他非常兴奋，便在现场发表感言时吟了一首诗，然而这一段在播出时被BBC删掉了。

罗素·克劳得知后非常愤怒，他对BBC出言不逊，狠狠地发了一顿脾气。虽然后来他为自己这种失礼鲁莽的行为公开道了歉，但并没有得到大家的原谅。

奥斯卡评委会认为罗素·克劳虽然演技过人，但是其本人的暴躁脾气无法让人接受，所以最终取消了他的获奖资格。也有不少人对他能获奖持怀疑态度，认为罗素·克劳不可能问鼎奥斯卡小金人，这当然不是因为竞争过于激烈，而是因为他暴躁的性格和易发怒的习惯。

当获奖结果公布后，正如那些持怀疑态度的人所言，他并没有抱得小金人。

罗素·克劳的亲身经历告诉我们：发怒是解决不了任何问题的，它会让事情变得更糟糕，还会使别人对自己的印象极其不佳。

因为暴躁的脾气，罗素·克劳一次又一次陷入纷争，吃上官司，为自己带来了无尽的麻烦。也因为他易发怒的习惯，影响了自己的事业，最终与奥斯卡小金人失之交臂。

逞了一时之快，却带来无尽的后患之忧，何苦呢？要知道，发怒是具有无穷破坏力的。

在日常生活中，我们应该怎样控制自己的情绪，不让自己轻易发怒呢？这里，我们不妨试着采用以下几种制怒的方法：

1. 认识评定法

一个心智成熟健全的人是绝对不会轻易发怒的，在他们看来，很少有事情会让他们暴跳如雷。而易怒者则不然，他们动不动就会因为一些小事情而大发雷霆。所以，要想制怒，首先必须从提高自身对外界刺激的承受力以及客观认识外界的刺激入手。

回忆一下自己以往的行为以及发怒的原因，仔细想想自己为此发怒是否值得。在这个过程中，你会发现当初让你火冒三丈的事情其实根本不值得一提。如果你在发怒之前给自己几秒钟的冷静思考时间，相信不久之后你发怒的次数就会明显减少。

不要放大事情的严重性。稍加留意，我们就会发现那些易发怒的人都极为敏感。一些鸡毛蒜皮的小事情都会让他变得脾气烦躁；别人不经意的一句话，也会让他耿耿于怀很久。

对此，建议易怒的朋友们在怒火中烧时，最好做个深呼吸，让自己默数几下，放松身心，并试着淡化事情的严重性，避免起正面冲突。

2. 后果设想法

这就是说在发怒时，先自己想想发怒会带给自己什么的后果，充分认识发怒带来的不良后果。

医学研究证明，发怒不仅影响正常的人际交往，而且可能造成心血管机能的紊乱，引发心律不齐，冠心病、高血压等症状。严重时还可能导致脑血栓、高血压、心肌梗塞患者的猝死。

所以，当你欲发怒时，不妨想想发怒对身心的巨大危害。

3. 能量转移法

怒气就像是一种能量，如果不及时进行控制，很有可能泛滥成灾；如果稍加控制，那么就会大大减弱它的破坏性；如果合理进行控制的话，甚至还会有所创益。

有个日本老板很特殊，他想出了怪招，刻意找人在自己房间内摆上了橡皮人，这些橡皮人都是他原来的老板。而这样做的作用是让心里有怒气的员工能够随时进去对“橡皮老板”拳打脚踢！揍完之后，员工的怒气就会消减了一大半。就算你身边没有这样的“橡皮人”进行发泄，也可以出去参加一些刺激的运动，或者看一场电影，哪怕出去散散步也会起到消解怒气的作用。

4. 监督法

一个脾气暴躁的人会经常发火，虽然他自己也知道这样不对，但是脾气一上来就控制不住自己。对于这种人，找一个监督者来监督自己是很有必要的。

一旦有发怒的迹象，监督者就应该马上给予暗示或阻止。监督者的职务最好让自己最亲近的人来做。这种方法对那种下定决心制怒却又缺乏自控力的人来说最为有效。

5. 语言调节法

通过语言可以消减怒气，即使是无声的内部语言也能起到缓解作用，比如在自己的办公桌、卧室、客厅等经常出没的地方放一张写有“制怒”或者“忍”等字样的座右铭或艺术品，时刻提醒自己不要乱发脾气。

著名的民族英雄林则徐就利用这种方法，在书房墙上挂有“制怒”二字的条幅，不失为消解怒气的好办法。

6. 饮食调节法

饮食对脾气的影响也是不容小觑的。要想减少怒气，平时要少吃一些肉类，多摄取一些粗粮、蔬菜和水果类。肉类食物还有能够让脑中色氨酸减少的物质，所以若是吃太多的肉食会让人变得越来越烦躁。所以，想要心情较为平和还是多吃清淡的东西。

还要注意的是，气温超过 35℃时，大量汗液的排出会导致血液黏稠度升高，同样也会使人烦躁不安，多喝水可以稀释血液，让心情平静下来。

7. 一时冲动可能毁掉一生

“人在江湖，身不由己”，日常生活中，总是免不了这样那样的矛盾和冲突，但是，每个人在选择冲动的同时，也可以选择克制或者以退为进。

当一个人冲动时，他的注意力都集中在令他冲动的事情上，大脑容易短路，根本不会去考虑冲动带来的后果等问题。从而，导致无数个令人扼腕叹息的“杯具”上演。

某女因为一时冲动将硫酸泼在小三脸上；沉迷于网游的男孩因为母亲不给自己零花钱，而将母亲活活打死……这样的新闻屡见报端。这些悲剧再形象不过地向众人展现了冲动造成的后果。

美国加州发生过这样一件事，一个小女孩的父亲买了一台大型卡车，父亲特别喜欢这台大卡车。为了保持这台卡车的外在美观，他经常给这台大卡车做全套的护理和保养。

有一天，小女孩用硬物在父亲的大卡车上划下了许多明显的划痕。父亲知道后，怒火中烧，一气之下用铁丝把女儿的双手绑了起来，然后将她吊在车库前，作为惩罚。然后父亲就离开了车库。

当这位父亲想起女儿时，这位小女孩已经在外面吊了足足 4 个小时了。父亲急忙赶到车库，结果发现女儿的手已经被铁丝勒得血液不流畅了。

小女孩的父亲慌忙将女儿送到急诊室，诊断结果表明，小女孩的手已经坏死，如果不截掉手掌，很有可能危及生命。就这样，小女孩失去了自己宝贵的双手。

虽然小女孩并不了解这意味着什么，但是他的父亲却因此懊悔终生，一直忍受着自责的煎熬。

大约半年后，小女孩的父亲又将大卡车送厂重新烤漆，大卡车焕然一新。当父亲将大卡车开回家时，小女孩看着重新烤过漆的大卡车，天真地对父亲说："爸爸！你的大卡车真漂亮，看起来就跟新的一样。"

然后，小女孩天真无邪地伸出了她那已经被截断的双手，然后看起来很认真又很调皮地对父亲说："爸爸知道什么时候把我的手还给我吗？"

听了女儿的话后，一直被愧疚折磨的父亲终于承受不了，最后他选择了自杀。

看完这个故事，你是否有所醒悟。故事的结局让人震撼，小女儿天真的话让人心痛。这就是一时冲动造成的无可挽回的错误。故事中的父亲，如果能够克制冲动的情绪，就不会葬送女儿的双手和自己的性命！

由此可见，冲动不仅于事无补，而且会使事情越变越糟，甚至毁掉你的一生。

然而，事实上，面对失意，特别是遭到侮辱和伤害时，很少有人可以保持镇静。2006 年的世界杯决赛赛场上，法国队的领军人物齐达内因为忍受不了对方球员马特拉齐的辱骂，用头将其一头撞倒，不幸被裁判员以红牌罚下，最终球赛以法国队失败告终。

日常生活中，总是免不了这样那样的矛盾和冲突。但是，每个人在选择冲动的同时，也可以选择克制或者以退为进，要知道，我们的自制是他人无法攻克的堡垒。

那么，我们应该怎样做才能有效地克制冲动呢？

1. 最重要的是要清楚地认识到冲动带来的危害

我们在社会活动中，总会和这样那样的人进行接触和交往，而人的行为是受思想意识的调节与控制的，了解到冲动的危害以及会给自己带来的严重后果后，也就会自觉地从内心抑制住冲动。

2. 远离让你冲动的地方

当我们一旦冲动起来，是很难控制住的。所以，有效可行的方法是在你的理智还没有被冲动完全吞噬的时候，马上离开这个让你冲动的地方，以免冲动带来的不良情绪让你一失足成千古恨。

这个时候，建议你找个无人或者相对安静的地方，一个人静下来好好地想想，把整件事情从头到尾捋一遍，弄明白造成错误或者产生误会的原因，然后再想办法解决。

3. 转移注意力，抑制冲动

当你不方便离开那个让你冲动的地方时，建议你试着将注意力转移到别的事情上去（比如想想让自己开心的事），让自己忙碌的思绪暂时抑制住冲动的情绪。等过段时间再回过头想想让你冲动的这件事，你会发现之前的冲动感已经明显减小了。

4. 养成“三思而后行”的习惯

冲动情绪通常是因为对事物以及利弊关系缺乏全面思考而引起的。当遇到与自己的主观意向发生矛盾的事情时，如果能够先冷静理智地想一想，不莽撞行事，情绪也就不会那么容易冲动。

5. 在日常生活中要有意识地锻炼自己的自制力

容易冲动的一个主要因素是自身缺乏自制力，自己控制不住自己的情绪，像个“易燃物”一点就着。针对这一点，建议你在发现自己即将冲动的时候，要努力强迫、克制自己的这种不良情绪，进行“冷处理”、“软着陆”。

6. 要学会听取他人的建议和劝告

在自己情绪冲动的时候，旁观者的建议和劝告可以将自己从“牛角尖”中拉出来，这能有效抑制冲动的情绪。

7. 用写日记等方式来进行文字发泄

当遇到什么问题时，可以找知心朋友进行倾诉。如果时间地点不允许，则可以选择用文字来发泄憋在自己心中的不快。比如，把所有的不良情绪都写在纸上，重复写几遍后心情就会得到一定的改善；或者在网上通过文字向朋友倾诉，得到朋友的安慰开解后，冲动情绪也会消失无踪。

8. 开阔自己的胸襟，提高自己的度量

冲动情绪的产生一般和心胸狭隘、度量小有关。如果我们拥有宽阔的胸襟、超凡的度量，我们就会对有损自己的言行持一种宽容的态度，经得起错误的批评和误解，能够克己让人，也不会轻易产生冲动情绪。

9. 增加知识，加强自身修养

个人的修养和自身的文化知识水平有着很大的关系。看的东西多了，了解的东西多了，知识也会随之增加，修养得到提高就不会为了一些鸡毛蒜皮的事情而大动肝火。

8. 换位思考，拒绝偏见

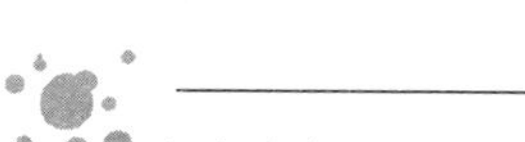

高度决定视野，角度改变观念，尺度把握人生。

在与他人相处时，我们要学会站在对方的角度来考虑问题，也就是换位思考。

换位思考就是设身处地为他人着想，在互相宽容、理解的基础上，站在别人的角度思考问题。

将自己置身于对方的处境和问题之中，设想如果这件事情发生在自己身上，会有什么想法并且作出怎样的反应。因为每个人的思维方式不同，对待同一件事情也会有不同的反应，所以不妨试着站在对方的位置，用对方的思维方式来思考问题，这样我们才能更加容易理解、包容对方的行为。

在工作和学习中，换位思考就是换一种思维、换一种方法、换一个角度，来重新看待事情，这是一种创新和探索。

只有学会对人对事都换一种角度来思考，你才可以从纷繁复杂的琐碎中解脱出来，从勾心斗角的环境中脱离出来，你看到的世界将会越来越美好，你的心态也会越来越平和。

刘晓娜是北方一所著名大学的商学院毕业生，从名牌大学刚毕业时，她意气风发、踌躇满志，立志一定要干出一番事业来。

可是，进公司三个月后，她就觉得自己已经没有办法再在这个公司生存下去了，左思右想后她打算辞职。

当刘晓娜将自己的决定告诉朋友王梅后，王梅不解地问道：“你现在这个公司挺有名气的，我觉得你在公司的发展空间也很大，为什么突然决定辞职呢？”

“因为部门的同事都特别小心眼，一个个鼠目寸光的，还有就是我觉得所有的同事都看我不顺眼，处处跟我过不去。最主要的是，我们经理是个无能之辈，在他的领导下，我永远没有出头之日，更别说有什么好的发展前景了。我已经无法忍受了，如果不辞职的话，我迟早会崩溃的！”刘晓娜把郁积在心里的苦闷一股脑儿地发泄了出来。

“怎么这么苦大仇深啊？到底发生什么事了？”朋友王梅关切地问道。

“我们经理总是把活儿分给大家，自己什么都不干，你说他有什么能力？而且同事也总是给我很多的活儿，这明明就是跟我过不去嘛！你说，我能不辞职吗？我要是再干下去，用不了多久，就会精神崩溃的！”刘晓娜情绪有些失控。

“那如果你是经理，你会怎么做呢？”朋友王梅问晓娜。

“我又不是经理我怎么知道，况且我也没有必要知道！”刘晓娜没好气地说。

“可是从商学院毕业，你也应该明白，作为管理者，你们经理的主要任务不是把一切活儿都揽在身上，冲锋到一线，而是帮助下属解决工作中的困难，为本部门争取到更多的资源。要是他像其他人一样什么都干，他这个经理也就和普通员工没什么两样了。”朋友王梅开导晓娜道。

“可是，他也总不能把所有事情都推给我们干吧！”刘晓娜的语气虽然有一些缓和，但还是一脸的不服气。

“那你说他每天都干些什么？是玩游戏、打私人电话、看闲书吗？”看晓娜不吱声，朋友王梅又继续说，“估计不是。所以啊，你得站在你们经理的角度想想，为了协调部门里的工作，他需要做什么？为了解决你们下属的问题，他又需要采取什么措施？还有，他要预测工作中可能会遇到的问题等。这些都是他需要做的，你怎么能指责他什么都没干呢？”朋友王梅反问道。

听了朋友王梅的话后，刘晓娜陷入了沉思。

故事中的主人公刘晓娜正是因为没有从经理和同事的位置出发看待事情，所以造成了她对经理和同事的偏见，使自己的情绪发生了波动，进而产生了辞职的念头。

如果刘晓娜和她的朋友王梅一样，懂得进行换位思考，她就不会抱怨经理“什么事都不干，没有本事了”，而是理解经理的职责和作法。同样，她也不会埋怨同事总给自己很多的活儿。因为从另一个角度来看，这也是锻炼自己的好机会，既帮助了同事，又提高了自身的能力，何乐而不为呢？

由此可见，换位思考在处理人与人之间的关系以及看待、完成事情的方法上都有着非常重要的作用。而且很多时候，你会发现，对人对事换位思考，就是绝境中的逢生，就是“山穷水尽疑无路”之后的“柳暗花明又一村”。

下面，我们就来讨论一下，在人际交往中，我们应该怎样做才能有效地进行换位思考：

1. 首先要认识到，这个世界上每个人的思维、观念、人生观都是不一样的。不同的人对待同一件事情有不一样的看法是再正常不过的事情，就算是最亲近的人也不可能想法、意见完全一致。有了这个认知前提，在和他人意见产生分歧时，你才不会情绪失控，咄咄逼人，更多的是包容和理解。

2. 就算这个世界进步得再快，科技如何发达，物质文明多么富有，也都不能改变要有同情心、怜悯心以及宽容心。不管是富豪还是贫民，老师还是学生，老板还是员工，都是非常不易的。既然大家都不易，我们就不应该对他人的失意、挫折、痛苦幸灾乐祸，而是要怀着一颗善良、关怀的心去体恤他人。

3. 尊重他人。每个人都有自己的优点和缺点，不能十全十美也不会一无是处。尊重他人，就是不苛求他人与自己保持一致，就是以平常心态接纳他人、欣赏他人。这样我们才会从心里真正做到设身处地为他人着想，体谅别人的难处。

4. 避免以己之心度他人之腹。这就是说不要以自己的想法去揣度对方。我们总自以为是地拿自己的想法去衡量他人，结果总是将事情弄糟。所以，在人际交往中，一定要避免以己之心度他人之腹。

5. 善于控制情绪。我们必须要学会控制自己的情绪，这样才能将自己的心态保持到一个平和状态，也只有拥有“处事淡定”的心态才能够在第一时间进行正确的思考，而后试图进行换位思考，最终将大事化小，小事化了。

6. 要明白“己所不欲，勿施于人”的道理并在实践中履行。用自己的心推及别人，想想你不愿意别人怎样对待你，你就不要那样对待别人。

小测试 你的冲动指数有多高

问题：

你穿着非常漂亮的礼服参加一个酒会，一名服务生不小心把托盘里的酒杯打翻了，红酒洒了你一身，而服务生好像也没有想道歉的意思，这时你会：

A. 非常生气，当时就对服务生大声斥喝

B. 非常生气，却说不出话来

C. 马上去卫生间擦拭衣服

D. 直接让主管来处理

E. 无奈地说："哦，我的衣服！"

F. 平静地对服务生说："下次注意点就好了。"

答案分析：

A. 冲动指数 100%

这种人平时个性、态度都比较容易冲动，往往在同事之间留下"四肢发达，头脑简单，有勇无谋"的印象，做一般职员也就无所谓了，但是要想升职就有些困难了。

B. 冲动指数 70%

这类人的危机应变能超强，是公司中的高效率人员。但是一定不要太武断，否则也会聪明反被聪明误。

C. 冲动指数 60%

这种人也被称为郁闷型的人。如果与上司或同事有不同意见时，只会一个人发牢骚，很少会主动表达自己的想法。从而造成你的上司很难发现你的才能。

D. 冲动指数 30%

这种人很善于人际交往，非常注重管理方式。即使不是一个社交场所的领军人物，也会是一个见惯大风大浪的ＥＱ高手。

E. 冲动指数 20%

这种人爱牢骚，但在牢骚的时候，会试着调整自己的心情。这种人如果能多给他些时间他会把事情圆滑地解决。但如果唠叨个没完的话，就会起到相反的作用，会引起同事和上司的不高兴。

F. 冲动指数 5%

这种人在外人看来是一个实足的老好人。但却是一个久经沙场的老将，对于别人违背自己意愿的行为，会用自己内在的修养将其化为是对自己的忠言。所以工作上的冲突少之又少，很适合做一个高级的领导。

第 4 章

积极暗示，脚窝里也能开出美丽的花

1. 每朵花都有盛开的理由

你知道，你爱惜，花儿努力地开。你不识，你不厌，花儿努力地开。

——泰戈尔

印度著名诗人泰戈尔曾在自己的诗篇中写过这样一句话："你知道，你爱惜，花儿努力地开。你不识，你不厌，花儿努力地开。"是的，就像雄鹰注定要在高空翱翔，鱼儿在水里畅游，骏马在旷野驰骋一样，花儿生来就是为了绚丽绽放，这是它们的使命。虽然艰辛短暂，虽然最终会凋谢，但相较于盛开时的美丽绚烂来说，这些便不值一提了。

试想，如果花儿因惧怕光明之前的艰辛孤独以及绚烂之后的枯竭凋零而拒绝或者停止盛开，这个世界将失去多少醉人的风景？

我们人类来到这个世界，如同花儿，注定要经历人生的酸甜苦辣。在面对困难、挫折、打击的时候，你是像花骨朵儿一样，积极乐观地继续勇敢绽放，还是缩起身体，像凋零的花儿一样不再盛开呢？决定权在你手里。

但是你要明白，无论你做出怎样的选择，生活仍将继续。既然快乐过是一天，悲伤过也是一天，那么何不让自己用乐观积极的情绪去笑迎每一个黎明的来临呢？亲爱的朋友，请你永远要记住：地球并不会因为你个人的喜怒哀乐而停止转动！

海伦·凯勒是一个家喻户晓的名字，她是世界著名的盲聋女作家、教育家，她能够取得如此骄人的成绩，背后付出了超过常人数倍的艰辛。海伦·凯勒在

一岁半的时候便因患上了猩红热，丧失了全部的听力和视力。

被无尽的黑暗笼罩之后，海伦并没有悲观绝望、自暴自弃，而是逐渐学会了用积极乐观的态度去面对现实生活中的苦难。在老师安妮·莎莉文的帮助指导下，海伦用乐观的精神和顽强的意志克服了身心的痛苦和煎熬，最终取得了人生的胜利，奇迹般地学会了读书和说话，并且能够和别人进行交流。

成年之后，海伦·凯勒以优异的成绩考入了美国哈佛大学，并且顺利毕业，成为了世界上第一个可以完成正规大学教育的盲聋人。经过多年的刻苦学习，海伦凯勒学会了英、德、法、希腊、拉丁等五种语言文字。美国《时代周刊》将海伦·凯勒评为“20世纪美国十大英雄偶像”之一，最终她被授予“总统自由奖章”。

在刻苦学习之余，海伦·凯勒还坚持写作，她一生笔耕不辍，共出版了14部著作。处女作《我的生活》一发表就在美国引起了轰动，被专家称为“世界文学史上无与伦比的杰作”。

海伦·凯勒最著名的作品莫过于她的《假如给我三天光明》，这本书在全世界广为流传，文章以自己为原型，告诫世界上四肢健全的人们要珍爱生命，珍惜造物主赐予的一切，它激励着一代又一代的年轻人奋进拼搏。

在不断完善自己的生命的同时，海伦·凯勒还不忘帮助那些跟自己有着同样不幸遭遇的人们。她走遍美国和世界各地，为盲人学校募集资金，在盲人福利和教育事业上倾尽了自己的一生。

著名作家马克·吐温曾说过这样一句话：“19世纪有两个值得关注的人，一个是拿破仑，另一个就是海伦·凯勒。”

作为一名失去视力、听力和语言的弱势女子，海伦·凯勒并没有悲观消极、屈服于不幸的命运安排，而是以积极乐观的心态和一颗不屈不挠的心，勇敢接受了生命的挑战。她用惊人的毅力面对生活中的苦难，用自己最大的热忱去热爱我们生活的这个世界，最终在黑暗的世界里找到了自己人生的光明。同时海伦·凯勒也不吝向别人伸出援手，她的帮助给无数身处黑暗中的人们带来了希望。

海伦·凯勒的伟大事迹，令很多身体健全的人都自叹弗如。这位让人竖起大拇指的奇女子，在她 87 年无光、无声、无语的孤寂岁月里，践行了许多在身体健全的人眼里都难以实现的事情。而取得这样惊人的成就，很大一部分原因归根于她积极乐观的心态，她坚信自己依然是一朵可以盛开的鲜花。

由此可见，拥有积极乐观的情绪对人的一生有着极其重要的影响。相较于那些陷在悲观消极的泥淖里不能自拔的人来说，有着积极乐观心态的人更容易看到事物的光明面。

面对半杯水，乐观的人会感恩地说“还有半杯水”，而不会懊恼地说“只有半杯水”。在遭遇痛苦、打击、逆境时，他们会甩甩头，毫无畏惧地大步往前走，而不是像鸵鸟一样将自己蜷缩起来不敢面对。

医学研究证明，那些拥有乐观心态的人在身体方面也更健康，平均寿命比那些容易失落、焦虑的人更长久。

因此，建议大家不防都来培养一下自我乐观积极的心态，可以参照的方法如下：

1. 自我鼓励法

就是借助某些生活哲理或者某些积极正面的思想来安慰激励自己，从而让自己有勇气去面对困难和挫折，并与之进行斗争。有效掌握这种方法，能帮助你尽快从痛苦、逆境中摆脱出来。

2. 语言暗示法

语言对情绪有着不可忽视的影响，当你被消极悲观的情绪所控制时，可以采取言语暗示的方法来调整自己的不良情绪。

比如朗诵励志的名言或故事；心里默默对自己说“不要悲观”、“你行的”、“悲观消极于事无补，甚至会使事情变得更糟糕”、“与其消极逃避，不如积极面对”等诸如此类的话；不断用言语对自己进行提醒、命令、暗示等等。这种语言暗示法非常有利于情绪的好转。

3. 注意力转移法

当遇到痛苦、打击时，各位千万不要陷在悲观的泥淖里无法自拔。这个时候，不妨试着转移一下自己的注意力，看看调节情绪的影视作品（以励志、温情片为佳）或者读读积极、振奋人心的书籍（如名人传记、励志书等），在这样一个过程中，你之前的消极情绪就会不知不觉转向积极、有意义的方面，心情也会随之豁然开朗。

4. 环境调节法

外在的环境对情绪有着重要的影响。光线明亮、舒适宜人的外在环境能够给人带来愉悦，而在阴暗狭窄、肮脏不堪的环境下，人们很容易产生不快、消极的情绪。所以，亲爱的朋友们，当你感到悲观失落时，不妨走出去散散心，享受一下大自然的美景，这样非常有利于身心调节。

5. 他人疏导法

有时候，悲观消极的情绪光靠自己独自调节仍无法消除，这种情况，就需要你向外界求助，让身旁的亲朋好友帮你来疏导。

心理学研究表示，人在抑郁苦闷时，应当有节制地进行发泄，将憋闷在内心的苦恼适度倾吐出来，就会减轻自身的苦恼。而最佳的倾听对象无疑是亲人和朋友，他们的分担和鼓励必将是你拥有乐观情绪的源泉。

亲爱的朋友们，请仔细打量观照一下自己，看看你的天空是否总是布满阴霾？你的脸上是否仍挂满忧愁？你的生活是否总遭遇滑铁卢？如果是，请你学着用积极乐观的心态去对待这一切，相信自己依然可以像花儿一样盛开。

2. 用希望唤起行动的激情

幸运的不是始终去做你所希望做的事，而是始终希望达到你所做的事情的目的。

——金斯莱

仔细回想一下，你是否有过这样的经历：

因为迫切希望取得优异的成绩，在班上名列前茅，而加倍地埋头苦读，刻苦学习？

希望钟意的女孩成为自己的女朋友，而穷追不舍？

为了在工作上升职加薪，更加卖命地加班加点？

之所以有以上这些各式各样的行为，是因为内心都怀有一种“希望”。

所谓希望，就是心中最真切的幻想、盼望和愿望，是一种指引你忘却恐惧的力量。

在汉语词典中，对“希望”这个词是这样解释的：希望是形容一种情绪的术语，这种情绪是一个人对与其生命相关的事件、环境等因素所表现出来的一种积极的感情产出。

希望意味着一个人要有不屈不挠的意志，也就是说当一个人抱有希望时，他相信自己的目标一定会成为现实，即使此时有不少与其相反的事情发生。

一个人的内心如果没有希望，就算他有一双明亮的眼睛，也无法看到属于这个世界的五彩颜色；一个人的内心如果没有希望，他的生活必然了无生趣，黯然失色；一个人的内心如果没有希望，他就会失去行动的激情和前行的勇气。

1952 年 7 月 4 日美国国庆节这一天，清晨的时候美国加利福尼亚海岸笼罩在一片浓雾之中。在距离加州海岸西边 21 英里的卡塔林纳岛上，有一位 34 岁的妇女跃入了太平洋的海水中，她开始向着加州海岸的方向游去。

如果这位女性泳者成功的话，那么她将成为世界上第一个游过这个海峡的女人。她叫弗罗伦丝·查德威克，在此之前，她已经成功横渡英吉利海峡，并且成为世界上第一个游过英吉利海峡的女性。

那天早晨，海水冰凉，冻得弗罗伦丝·查德威克全身发麻。更糟糕的是，海面上雾气很大，大到连一直在她附近护送她的轮船，她都几乎看不到。

时间一个小时又一个小时地过去了，全国有千千万万人在电视上关注着弗罗伦丝·查德威克的这一壮举。观众们都想看看这位 34 岁的妇女是否能成功游过海峡。

有好几次，鲨鱼靠近了弗罗伦丝·查德威克，都被护送的人开枪吓跑了。

弗罗伦丝·查德威克却没有被鲨鱼吓跑，仍然坚定地向目标前进着。

15 个小时之后，弗罗伦丝·查德威克又累又冷，游得越来越吃力。这时，在另一艘船上的母亲和教练都告诉她离海岸已经很近了，鼓励她一定不要放弃。但是弗罗伦丝·查德威克朝加州海岸望去，除了一片浓雾什么也看不到，不禁心灰意冷。

几十分钟后，也就是从她出发算起的第 15 个小时 55 分钟之后，弗罗伦丝·查德威克的体力已经完全透支，她清楚自己已经没有力气再游了，于是就叫人将她拉上了船，至此，游渡以失败告终。

又过了几个小时，弗罗伦丝·查德威克渐渐觉得身上暖和起来，失败的打击却让她心里非常不是滋味。她不假思索地对采访她的记者说："说老实话，我不是在为自己找借口。如果当时我能看见陆地，心里有一线希望，也许我就能坚持游到岸。"

弗罗伦丝·查德威克的话完全有理由相信，因为人们拉她上船的地点，距离加州海岸仅仅只有半英里！

弗罗伦丝·查德威克一生中的游渡经历就只有这么一次没有坚持到底。两个月之后，她再次出击，终于成功地游过这个海峡。

弗罗伦丝·查德威克第一次横渡卡塔林娜海峡失败的原因，是因为她在浓雾中看不到目的地，内心没有希望，于是在就离胜利只有半英里的时候放弃了。正如她自己所说："如果不是浓雾，如果我能看到岸边的话，我肯定能游下去。"

由此可见，希望是促使人奋勇向前，燃起人前进动力的源泉。有了希望，我们也就成功一半了。

鲁滨逊在一个与世隔绝的荒岛上生活了足足 28 年，并且像上帝创世纪一般，创造出了一个属于自己的美好家园。

鲁滨逊在前往南美的冒险之旅中，因为遇到超级大风暴而漂流到了一个荒岛上。这个荒岛是个鸟不拉屎、百分之百的不毛之地。而最糟糕的同时也是最幸运的是：他是十个人中唯一的幸存者！

形单影只的鲁滨逊并没有因此而放弃希望，相反，他用希望唤起了自己行动的激情。

他养了一群山羊和一群牛，还建造了一座温馨的小房子，甚至拥有了一个叫“礼拜五”的黑人助理。如果换做一个在困难中不能燃起希望的人来说，他的生存恐怕都会是问题，更别提发展畜牧业和养殖业了。

当鲁滨逊看到第一袋麦子时，他并没有猴急地把它吃掉，也没有抱怨麦子的数量太少，而是看到了一个新的希望：把它们种下去，我就会获得更多的麦子。于是他把第一袋麦子种了下去，等到丰收的时候，他收获了更多的麦子，他不再愁自己是不是可以吃饱的问题了。

二十多年过去了，当初那个荒无人烟的荒岛，已经被鲁滨逊改造成了一片生机勃勃的庄园，而这些成就，都来自鲁滨逊那不曾熄灭的希望，以及由这些希望催发的行动。

鲁滨逊凭着自己的努力获得了巨大的物质财富，对于我们来说，鲁滨逊那勇敢乐观、永不放弃的精神才是真正值得我们学习的。

当鲁滨逊一个人被遗弃在荒岛上时，他有一段令人难忘的心灵独白：“在我的心里，突然产生了一种极度孤独的感觉。很多次我都忍不住大声呼喊，要是我身边能有一个伙伴跟我一起奋斗该多好啊！他能在我寂寞无助的时候和我聊天，在我遇到困难的时刻伸出援助之手，至少可以消除掉我的孤独之感。也许我的希望已经冻结了。”

看来，就算是像鲁滨逊这样乐观积极的人也会有无助的时候，也就是说，失望是每个人都会产生的负面情绪，但关键是要看自己能不能克服这种负面情绪。当我们用希望克服了失望时，我们就成了主宰自己灵魂的人，成功也就完全掌控在自己的手里了。

只有当希望变得足够强大时，才会牵引着我们做出相应的行动，去改变目前困窘的状况，像鲁滨逊那样走出情绪的低谷，找到属于自己的明媚春天。

当然，最重要的一点是我们的希望不要过于脱离现实。在这里，要提醒大家在用希望唤起行动的激情时，应注意以下两点：

1. 坚持实事求是、希望与现实相结合的原则。

所怀抱的希望一定要和现实相结合，切忌不符合实际。因为如果希望脱离实际，便无法实现，这样一来，行动的热情势必受到打击，激情也随之消减。

2. 一旦行动，就要坚持到底，不能三天打鱼，两天晒网。

很多人都是“三分钟”热度，行动坚持不了多久就中途放弃，这不仅无法实现内心的希望，还会养成浅尝辄止的坏习惯以及不负责任的态度。

还等什么呢？赶紧用希望唤起你行动的激情吧！

3. 对消极情绪及时喊“停”

对于消极情绪来说，时间可不是最好的“良药”。所以，当我们感觉有消极情绪的时候，需要做出一些努力让它就此停住！

不论何时，我们大多数人提出的看法和言论都是带有消极性的。自私是“潜伏”在我们每个人心中的一种本性，我们本能地倾向于关注别人让我们不喜欢的、触动我们神经的或令我们感到不愉快的言行。而恰恰也是这种本能的负面情绪影响到我们对事物或事情本身的判断。

一个住在海边的孩子非常喜欢大海，喜欢看海上船来船往。他向往着有一天船会把他带到多姿多彩的远方世界。

长大后，这个孩子终于可以跟随别人一起出海了，没有想到在临行之前，邻居中有位老伯“善意”地对他说：“孩子，别出海了，你爷爷死在海上，你父亲也死在海上，你还喜欢海吗？对海这么有兴趣，你就不怕自己也死在海上吗？”

孩子听了老伯的话，想了想然后回答：“你说得很对，老伯。但我知道的是：

你爷爷是死在床上，你父亲也是死在床上，难道你不睡床吗？”老伯听了孩子的话，一下子语塞了，因为这句话确实很有道理。

这个道理也广泛存在于我们的工作和生活中。我们平时的工作确实很辛苦，我们的生活压力也确实很大。如果我们只是一味地抱怨，那生活就是那团乱麻，有着怎么也解不开的小疙瘩。

然而，当我们找到辛苦工作的乐趣，当我们因工作而获得尊重，你说我们还会苦恼、还会抱怨、还会存在负面情绪吗？我看，这应该是不存在的事了吧。

祝福的时候，人人都会说“万事如意”这类的发自肺腑的话。这是美好的愿望啊，但我们要头脑清醒地认识到，这仅仅是大家的一个美好祝愿而已，现实的生活中各种不如意的事情可是时常发生的。我们不可能保证事事顺心，也根本保证不了事事如意。

相信每个在职场的人都有这样的经历：岁末年初到了，大家总要将办公桌彻底清理一次，扔掉那些毫无保存意义的信件、材料，再将其他的重新进行归类整理，使之井井有条、耳目一新，给自己创造一个舒适的环境。即使如此，总有一些东西年年都舍不得丢弃，却从未派上用场，仔细想想，连自己都觉得纳闷和不解。

相同的道理，面对生活中的各种问题时，我们心理上的那些消极情绪也是一样的，也需要我们去及时地进行清理，该放则放，该停就停。不要把一些消极情绪总堆在心里，让乌云笼罩着你的脸，让牢骚总挂在嘴上。

面对消极情绪，我们究竟该如何对待，才能保持自己的良好的心理状态呢？我认为需要注意的事项有以下几点：

1. 期望值要适度

很多人往往都会在做一件事情之前，就给自己规定出明确的目标，并希望通过自己的努力，来达到期望的目的。从现在起我们在确定目标、对预期结果进行设想时，要把各种可能出现的不利因素考虑进去，降低我们的期望值，给自己保留一定的余地。

这样确定的目标，经过努力，我们就会很顺利地实现，并有可能超过原来的目标。这样的结果，我们从心理上就比较容易接受，有时还会产生满意的情绪。如果我们把目标定的过高，等待我们的往往是失望，实际上这是自己跟自己的过不去。

2. 对自己要宽容

美剧《绝望主妇》中，女强人兰尼特曾因自己有四个调皮捣蛋的孩子而使自己的生活变得一团糟。当时她不愿承认自己的失败，不敢面对自己所面临的困境，只是一味地在责备自己的无能。最终积聚的情绪一下子爆发出来，她无力承受，只好把孩子们扔给邻居，自己一个人躲在郊外。

后来在和好朋友深入交谈之后，她才知道好友们在孩子小的时候也同样面临她现在所承受的压力。其实别人和我们一样，也经历过绝望、失落，甚至也曾偷偷哭泣。

在感悟到这些之后，兰尼特坦然接受了自己的状况，重新回到家庭中。她变得宽容了，也能更加轻松地照顾孩子，她的生活从此好起来。

正所谓人非圣贤，孰能无过。每个人只要对自己多一份宽容，生活就能变得更加轻松。

3. 自觉排解消极情绪

遇到不愉快的事情，或者心情不高兴时，我们大多数的人往往会闷头不语，郁郁寡欢，全部的事情都郁积在心，这很不好。

其实，你完全可以主动向知心朋友倾诉自己的心里话，畅所欲言，一吐为快。在两人的倾诉过程中，一些消极情绪会释放出来；另一方面，经别人帮助分析进行劝慰的过程，你也能转变自己的思维方式，解脱自己的精神负担。

4. 培养乐观开朗的性格

要想及时地对消极情绪喊“停”，培养自己乐观开朗的性格是一种最根本的做法。我们在现实生活中，要有一颗豁达洒脱的心，对生活中的一些矛盾，不要看得过重，不要斤斤计较、耿耿于怀。我们可以多去想想生活中那些美好的、闪光的东西，用它们来陶冶自己的情操，使自己感到生活很充实，对生活充满信心。

4. 积极自我暗示的心理力量

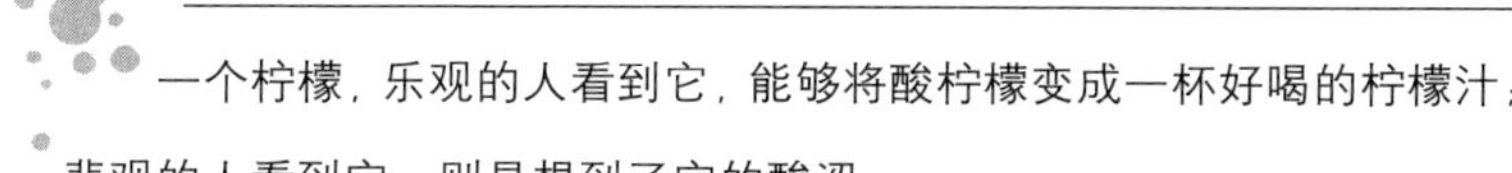

一个柠檬，乐观的人看到它，能够将酸柠檬变成一杯好喝的柠檬汁；悲观的人看到它，则是想到了它的酸涩。

在一望无垠的非洲草原上，几只黑斑羚悠闲自在地走来走去。就在此时，距离它们不到 100 米的草丛中潜伏着一只花斑猎豹，它紧紧地盯着眼前的猎物，对于近在眼前的危险，黑斑羚浑然不知。

经过一番观察之后，猎豹确定了自己的目标，它像离弦的箭一样冲了出去，庞大的身躯卷动篙草呼呼生风。在这种弱肉强食的恶劣环境中，黑斑羚显然已练就了敏感的识别能力。猎豹从草丛中冲出来的一霎那，黑斑羚已经四蹄腾空。

作为天生的短跑冠军，猎豹的奔跑速度明显胜过黑斑羚，它们之间的距离也越来越近。就在生死一刻的瞬间，意想不到的事情发生了，黑斑羚竟放慢了速度。它们蹦跳腾越，姿势优雅，还不时地回过头去看看身后追赶的豹子，显得从容淡定。

猎豹大吃一惊，对黑斑羚的行为大惑不解，于是速度也不自觉地放慢了，又追了二三十米，猎豹最终放弃了这场捕猎行动风格。

对于这样反常的情况，动物学家解释说：黑斑羚很清楚自己的实力，它是怎么也跑不过猎豹的。因此，它缓下脚步弹跳前行，这样一来就给猎豹造成了一种心理暗示——我并不怕你，不过是在跟你嬉戏玩耍罢了。当猎豹的潜意识里感觉到黑斑羚的无所畏惧时，便对这场猎杀失去了信心。

现代人在生活中需要面对各种各样的对手，需要参加的不仅仅是力量的比

赛和速度的较量，也是一场自我暗示的心理较量。

俄国心理学家巴甫洛夫认为：暗示是人类最简单、最典型的条件反射。暗示是人或周围环境以言语或非言语的方式向个体发出信息，个体无意识地接受了这种信息，从而做出一定的心理或行为反应。

自我暗示包括：消极自我暗示和积极自我暗示。其中消极自我暗示很容易误导个人的判断，进而使人失去自信心。消极自我暗示使人对外界事物的认知形成某种心理定势，使人沉浸在幻觉当中不能自拔，或在为人处世中偏听误信，完全凭自己的直觉办事。

史怀哲博士是著名的非洲问题专家，他在一份报告中提到：当地的非洲土人，在孩子出生时，做父亲的会一直喝酒，喝得迷迷糊糊时会随口说出一大堆新生儿的禁忌。比如有一个父亲在酒醉的时候恰好说了“香蕉”，“香蕉”就成为这个孩子的禁忌。土人们深信，孩子长大后吃了香蕉就会死亡。

有一次，这家人在烹饪香蕉之后忘记了洗锅，就继续煮其他的菜。没有想到家里的孩子竟然在听说这个锅烹饪过香蕉没有洗之后，马上就脸色发青、抽筋，治疗无效而死。

我们知道，香蕉这样有益无害的食物根本不会致人死亡，可以推断出来的是，倘若那个孩子不知道锅子烹饪过香蕉的话，他其实也不会有事，最终这个孩子会死，完全都是心理暗示的原因。由此可见，自我暗示的威力有多么大。

生活中，负面的情绪是在所难免的。比如我们的身边经常会听到“我的病可能没有办法治了”，“我是不是真的嫁不出去了”这些都是由于负面情绪而产生的消极暗示。

而积极的暗示能让我们用一些更积极的思想和概念来替代我们过去陈旧的、否定性的思维模式。它会让我们立刻转变思路，改成积极的自我暗示：“我会很快恢复健康”，“我会遇到最理想的配偶”，“没事发生，只是我多想了而已”……

稻盛和夫说：“内心不渴望的东西，它不可能靠近自己”。积极善意的心态，往往会给出积极的暗示，当我们面对困难、痛苦、磨砺时，我们便能够从中汲取力量，让我们战胜困难、突破自我。

这也解释了为什么人们常说自己是自己生命的主宰，通过自我暗示的方法，给自己最大的鼓励和支持，成为我们自己所希望成为的样子，这就是人对自己生命主宰的最恰当、最深刻的说明。

伍登是美国的一位知名篮球教练，在他执教美国加州大学洛杉矶分校篮球队的 12 年期间，他带领这支球队获得了 10 次全国总冠军。如此辉煌的成绩让他成为了美国有史以来最伟大的篮球教练之一。

有人对伍登取得这样的成绩感到十分不可思议，时常有人向他请教成功的秘诀，伍登回答：其实很简单，那就是正面而积极的自我暗示。伍登告诉打击，每天晚上睡觉前他会告诉自己："我今天表现得非常好，明天还要努力，表现得比今天更好。"

伍登积极乐观的心态不仅表现在工作上，生活之中他也是个不折不扣的乐天派。一天他和朋友开车进城，面对因拥挤而动弹不得的车阵，还有那一阵阵吵闹的喇叭声，朋友不由地频频抱怨。但是，伍登却恰恰相反，他对着熙熙攘攘的街道感慨道："好一个活力四射的城市。"

这位朋友好奇地问："啊，你没有听到这吵闹的喇叭声吗？为什么你看事物的角度总是不同于一般人？"

伍登微笑着回答道："那是因为我看的是我'内心的风景'。我们生活在这个世界上，总会遇到这样那样的情况，有时候你换一种眼光去看，同样的风景会带来不同的感受，只要你不断地利用积极的自我暗示，就能发现这个世界有着无限的可能，也因此而激发出内在的潜能来。"

坚持积极的心理暗示对我们十分重要，它可以成为我们成功道路上强大的"助推器"。平心而论，我们每一个人不会拥有一切，日常生活中大部分的人的生活状态，既不是一无所有，相当糟糕，也不可能是一帆风顺，要风得风要雨得雨。

当我们面对生活的挑战和挫折萎靡不振的时候，多想想自己的优点，不断地给自己肯定的暗示，默默地对自己说："我是最棒的，没有人能比得上我！""我是这个领域最好的，真不是盖的！"等等，鼓励自己的话。只有这样，才有可能重新找到自信，乐观的面对生活、面对挑战，抓住那些稍纵即逝的机会，创造出更加成功的自我。

那我们在日常生活中，该怎样摘掉"紧箍咒"，给自己一些积极的自我情绪呢？大家可以参考以下几点：

1. 采用"内省法"

当我们遇到一些不顺心、失败的事情时，如实地、真诚地对自己大声说："这太糟糕了，不会有比这更糟糕的事情了。""都已经这么失败了，还有什么可怕的呢！"

所谓种豆得豆，种瓜得瓜。对于情绪来说也是一样，在我们心里种下什么样的情绪种子，就会有什么样的心情。"既然是失败了，有什么可怕的，大不了是从头再来。"事实上，这样积极的自我情绪会增强我们的信心和安全感。

2. 不要总向自己强调负面结果

很多时候，在无意之中我们总是会给自己一些这样的提醒"昨天这个地方撞死了一个人"、"我就是在这里让小偷给偷了钱包"、"有人说，这个地方晚上闹鬼"等等。你越这样想，心里就会越紧张、害怕。

所以，聪明的你要避免用这些负面情绪来提醒自己。我们可以做自己最好的心灵按摩师，学会给自己打打气。当你又要想到这些时，可以对自己说："行了，这算什么事啊，别多想了！"那么，这时的不良情绪就会被阻断。

3. 保持良好的身体状态

生活中，我们身体的状态也会影响心情，尤其是在面对生活上的困扰时，保持一个好的身体状态十分重要。好身体会给你带来好情绪，改变心情最快的办法之一就是改变我们的身体状态，因为身心是互动的。

当感到情绪不佳、生气的时候，我们可以找一面镜子，对着镜子努力绽放出笑容来，或对着镜子做出许多高兴的模样，持续几分钟后，心情也许就会慢慢地好起来。

5. 保鲜你的幸福

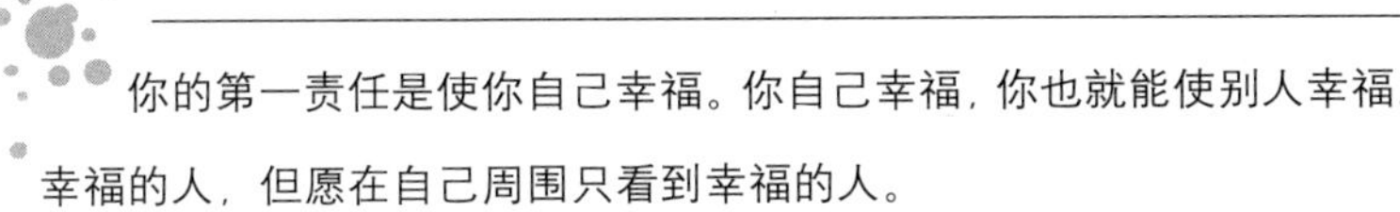

你的第一责任是使你自己幸福。你自己幸福，你也就能使别人幸福。幸福的人，但愿在自己周围只看到幸福的人。

——费尔巴哈

翻一翻《心理学大词典》，你会发现根本找不到幸福的定义。不过它有对于“快乐”的定义。上面写道：“个体体验到的一种愉快、欢乐、满意、幸福的情绪状态。”

再去查查其他的书，发现这样的说法比较恰当——幸福是“一种持续时间较长的对生活的满足和感到生活有巨大乐趣并自然而然地希望持续久远的愉快心情”。

从这些方面来看，幸福首先是一种情绪，也就是我们常说的，幸福是一种感觉。其次，幸福不是如电光石火般的短暂之旅，而是值得我们追求一生的东西。

我们常常说“幸福人生”，可见我们每个人都向往着这个幸福。但它不是从天上落下来的，是奋斗来的。每个人如果因为害怕失败，就拒绝了奋斗和挑战，那也就从根本上拒绝了幸福。那么，幸福在哪里呢?

有一个年轻人，他总是感到自己不幸福，于是他便去“算命”。

一天，他听说山上寺庙里有一位禅师很有道行，他就急忙去向禅师请教：“大师，请您告诉我，这个世界上真的有命运之说吗？”

“有的。”禅师轻声回答。

“你给看看，我是不是就是那种命中注定与幸福无缘的那种人呢？”禅师

听完后，便示意这个年轻人伸出他的左手。

大师的目光停留在年轻人的手掌上，然后对他说："请看，这条是爱情线，这条是事业线，另外一条就是生命线。"

之后，禅师让年轻人把手紧紧握起来。继续问："年轻人，你说现在这几根线在哪里？"

年轻人迷惑地说："这不是在我的手里嘛！"

"那么你说幸福在哪里呢？"

年轻人恍然大悟，原来幸福掌握在自己手里，住在自己的心里。

然而现在在我们周围，很少听到有人说自己很幸福，经常听到的是不幸福。要知道，现在我们的物质生活越来越富裕了，为什么自己反而渐渐地不知道什么叫幸福了，越发觉得不幸福了呢？

国外的一个马戏团正在演出，一头大象被细细的绳索拴在一棵小树上，正在乖乖地吃草，不远处就是大象梦寐以求的森林。

很多人好奇地问马戏团的首领："这头大象愿意表演吗？"

首领答道："它倒是做梦都想回到丛林去。"

人们接着问："那它可以逃跑啊！要知道，它的力气那么大。它真要跑，咱们谁都拦不住它。"

首领说："肯定啊，当然没有人能拦得住它。只要它想跑，我们只能傻傻地看着。"

大家不解地说："那大象为什么不跑呢？"

首领一努嘴说："看，那不是有绳子吗？它拴着大象呢！"

人们就笑起来，"别开玩笑了，这么细的绳子怎能拴得住大象呢？只要它一使劲，这绳子马上就断了，马上就能跑出去！"

首领说："你们说的不错。但是，大象永远不会去挣脱那根细细的小绳子。它知道自己是无法挣脱这根绳子的。"

大伙儿更加不解，说："您这根绳子有这么厉害吗，看起来很普通啊，也不是特殊材料制成的啊！”

有人说着，还走到跟前，仔细地看了看绳子。的确，这是一条非常普通的绳子，别说是大象那一身排山倒海的气力，就是一个强壮点的人，也能把这绳子挣脱。

首领说：“不错，这就是一根细细的绳子。但是你们要知道的是，在这头大象还很小的时候，我就用这根绳子来拴它了。”

人们还是不解，说：“这有什么关系呢？”

首领意味深长地说：“症结就在这里。当这头大象还是小象的时候，它就被这根绳子缚住了。它无数次地想挣脱绳子，都失败了。久而久之，小象知道自己的努力是徒劳的，知道自己是无法挣脱这根绳子的，它就不再做这种无用的努力了。”

人们惊呼，“可是小象已经长大了啊，它只要再试一试，就能挣脱绳索回到大自然里去了！”

首领说：“大象并不知道这一点。它以为自己还是一只小象。”

嘘！不要笑，在现实生活中，这种长不大的小象现象比比皆是。想想看，你是不是也会赞同——那头大象忘记自己已经长大的事实，放弃了唾手可得的幸福呢？

生活中的你是不是因此决定这样委屈地活着：为了金钱，在一个很郁闷的岗位苟延残喘；为了面子，在一桩极不幸福的婚姻中挣扎；为了提升，在一个很不惬意的单位佯作笑脸；为了讨好他人，时时刻刻来揣摩他人的心思；为了一个地位，反倒完全忘却了自己是谁……

这真是幸福者相似，不幸福者各有其不幸。其实，生活还是生活，幸福就藏在我们的身边。只是很多的人没有学会欣赏生命进行时的风景，不懂得如何去经营人生，不善于“拉长”自己的幸福。

生活中，那微小的、平常的幸福，只要被拉长、强化、“点燃”，自然会像烟花一样，“绽放出意想不到的灿烂光彩”，带来强烈的、超出平常的快乐。只

要我们善于动脑把这些小小的幸福拉长，让它的作用发挥到极致，那幸福的感觉会一直跟随着我们。

一对新婚夫妇，他们都是大学里的老师，有一次妻子的一篇论文获奖，丈夫为了向妻子表示祝贺，亲自下厨烧了几个拿手好菜，小两口点上蜡烛，共饮了一瓶葡萄酒。

过了一段时间，论文获奖的喜悦之情在妻子的心中渐渐变淡了。

这天妻子下班回家，刚进家门，就见桌上摆满了她平时特别爱吃的菜肴，还摆上了蜡烛和美酒。

妻子有些奇怪，忙问丈夫今天是什么日子，丈夫微笑着说："今天是你的论文获奖一月纪念日！"

妻子听了丈夫的回答后觉得十分不解："你这是怎么了，那么一点事你还没完没了，一月，二月，三月，半年，一年……难道就这样一起接下去吗？"

丈夫却理直气壮地继续说："当然要一直接下去，知道吗？这叫'拉长幸福'，直到你写出第二篇佳作……"

这对夫妻经营幸福的技巧，给了我们太多的启发。幸福并不是爬到了山顶的那一刻，而是贯穿在攀登的全过程。它不依赖慑人的权势，不依赖过人的财富，更不依赖豪华的生活条件。幸福依赖的只是一颗平常心，一颗笑对人生冷暖的平常心。

人生就像种田，如果我们在春天里播下希望的种子，那么秋天一定会收获沉甸甸的果实。幸福也好成功也罢，都离不开平时一点一滴的积累与努力。对于忙碌的我们来说，留一点时间给自己，留一点当下的幸福给自己，不要丧失了对过程的幸福感。

说到底，那些生活得相对好一些的人，并不是生活多么偏爱他们，也不是多么地善待他们，而是他们善于拉长自己的幸福，擅长经营自己的人生。

同样的道理，在我们今后的人生中，都应该好好经营每一个明媚的日子，每一个温馨的时刻，每一点成功的喜悦。

6. 让自己养成快乐的习惯

快乐在我们的生活中无处不在，就看你用一种什么态度去寻找快乐。当快乐成为一种习惯的时候，你的生活就会变得多姿多彩！

在这个快节奏的时代，所有人的生活压力都很大。孩子要升学了，可是现在的成绩很差劲；房屋贷款该偿还了，可是信用卡已经严重透支；周围有的朋友升了职，有的还出了国……

因此，我们身边的很多人为了“不掉队”，每天都在不停地忙碌着，“烦着呢”、“我很忙”这类话语更是经常挂在现代人的嘴边。现代社会中，每个人都在拼命地往前赶，哪儿还会有时间快乐呢？

很多人总是在憧憬着自己没有达到的目标。暂且不说这些目标能否实现，即使在将来得以实现，你可能也会意外地发现，自己并没有之前想象的那么快乐。因为你已习惯把快乐放到未来，未来的目标一旦达到，你又会将快乐的位置摆得更高、更远。这种习惯使你忽视并浪费了当下生活的快乐。

其实，我们应该放慢脚步，从焦虑和欲望中跳出来。从现在开始，让体验当下的快乐成为一种习惯，从容地去享受现在的每一分每一秒。

当我们快乐的时候，心情会变得很轻松，身体也会更健康。这是因为，心情愉快的时候，所有的内脏器官会发挥更有效的作用。视觉、味觉、嗅觉和听觉也会变得更加灵敏，记忆力也会大大增强。

所以说，拥有一颗快乐的心就如同拥有了一剂良药。想为自己增加这剂良药，首先就要养成快乐的习惯。只有这样，我们的身体才会更健康，生活才会变得更加美好。

许哲是新加坡著名的“世纪老人”，1898 年她出生于广东汕头，后来移居新加坡。1937 年，许哲赴重庆开始从事关于新闻及抗日战争中的伤员救护工作。

之后她又去了英国留学，专攻护理专业并周游欧洲帮助病人和穷人。

1953年，她到南美洲的慈善医院，以义工的名义帮助犹太难民及当地穷人。后因自己年迈的母亲生病而于1961年回到马来西亚。

1963年，许哲重回新加坡，并在那里创办了一家养老院，无偿帮助那些孤寡老人。由于她以助人为己任，快乐而健康，所以被媒体评为“106岁的年轻人”。

有人曾问过她，这一生中有没有遇到过烦恼的事情。她说因为没有过多的欲望，所以就没有失望，更不要提什么苦恼了。

还有人问她是否曾忧虑过自己的健康和金钱。她一脸平和地说：“人们常问我，如果你不存钱，临终的时候谁会给你买棺材？我说，我会走到一座大山里，倒在一个山洞里死去。我之所以保持健康的身体，并不是因为我想长寿，而是因为如果我生病了，就会给别人带来很多麻烦。”

许哲倾毕生之力帮助别人，从不去刻意地追求什么。所以她的生活从无烦恼，只有快乐。

从她的经历来看，快乐其实并不神秘，它实际上只是一种心理态度，虽然很难达到许哲那样的境界高度，但是却可以适当地调节自己的心情，培养自己快乐的习惯，这样才能让我们的生活更加轻松、心态更加积极。

人们常说，心理状态决定命运，这话是很正确的。拥有快乐的心态往往会成就快乐的人生。如果对生活有一个快乐的态度，我们就可以成为自己命运的主人，因为快乐的习惯会使我们免受外在条件的支配。

相反，不快乐的人不仅会毁掉自己的生活，同时还会成为负面情绪的“污染源”，让别人对你敬而远之。

但是，习惯并不是一件可以偶然发生的事情。它同我们的性格模式是相一致的。当我们有意识地培养快乐的习惯时，我们的性格就会慢慢发生改变。

习惯在某种程度上决定我们的表现，就像钢琴家在弹琴的时候用不着决定该用哪个琴键，舞蹈家跳舞时用不着决定脚往什么地方移一样。他们在弹钢琴和跳舞的时候的反应是不加思索的。

同样，快乐也可以成为一种习惯，当我们拥有快乐习惯的时候，你会发现自己拥有了更加乐观积极的性格和更加健康的生活。

很多人之所以整日闷闷不乐，这跟经常过高的评估自己有着很大的关系，他们认为自己“应当是”或“必须是”什么样的人。一旦自己设定的理想无法实现，人们的内心就会被挫败重重地打击，从而陷入痛苦之中。因此，如果你想要快乐的生活，那么最好能够对自己有一个清醒的认识。

怎样能养成一个快乐的习惯？不防来看看下面这几点，说不定对你会有帮助。

1. 用积极的态度来对待未来。不管发生什么事情，尽可能做到冷静乐观，不要悲观消极、自怨自艾。

2. 培养自己开朗大度的性格。对烦恼的事情要善于忘记，对快乐的事要永存心间，这样才不会被快乐轻易舍弃。

3. 学会友善和宽容的对待别人。面对别人的过失给自己带来的损失，绝不轻易发火。要少苛求，多宽容。

4. 学着培养自己的幽默感，这样可以使自己置身于一个快乐的环境中。

5. 扩大自己的生活圈子。这样可以接触到新的事物，接受新的挑战，同时还学会关心周围的人、事、物，热心地帮助他人。这时你会为发现了一个新的生活层面而感到惊喜。

6. 敢于承认自己的弱点。这个世界上，没有人是完美的，所以承认自己的弱点并不是一件丢人的事情。只有乐意接受别人的忠告和建议，才会取得进步。

7. 保持坦然的生活态度。对自己无力去改变的事情无需理睬，将他们完全拒之于头脑之外就可以了。无论在顺境或是逆境之中，都要能屈能伸、泰然处之。

这些方法是不是很简单？千万别小看了它们，上面方法的任何一种都会对你的自我意识产生有利的影响。坚持体验这些方法，你就会看到自己的改变。

有一句话是这样说的：快乐总是存在着，就看你用什么态度去寻找。快乐

自然不会平白无故的从天而降，想要获得快乐就要自己去争取。寻找快乐，不仅是一种心态，更是一种积极向上的生活态度。当快乐成为一种习惯的时候，你的生活就会变得多姿多彩！

7. 偶尔做做“白日梦”

白日梦的产生出于人类本能的休息和放松机制，是我们心灵的自然状态。

你曾经梦想过环游世界，历尽千山万水的辛苦跋涉吗？

你想要成为像梁山好汉一样杀富济贫的英雄吗？

你想过自己走在红地毯上被镁光灯包围，成为拥有众多粉丝的耀眼明星吗？

很多时候，我们的大脑中会涌现出各种奇怪的想法，这些不切实际的想法就是通常意义上所指的白日梦。有了这些白日梦，生活里的遗憾仿佛会少很多，因为我们可以在梦想中找到心灵的寄托。

做白日梦是一种心灵游离的状态，不会在乎身处如何恶劣的环境，也不会介意别人的态度，只是沉浸在自己想象的故事逻辑中如醉如痴。这个时候，就好像在看一场精彩的电影，只是被它一个个美妙的镜头所吸引，而忽略掉了周围所有的东西。

人为什么会做白日梦呢？这是因为人脑的某个区域和做白日梦有关。也就是说，白日梦的产生出于人类本能的休息和放松机制，是我们心灵的自然状态。

美国一个研究小组对白日梦进行了研究。

他们召集了 19 名志愿者参与实验，在这个实验中他们都有不同的任务。

有的进行一些记忆练习，就是打乱字母的顺序，再凭着记忆写下来；有的被通知可以参与实验，但需要排队等候；有的被告知不需要做任何事情，只要坐在那里，半个小时以后就可以走了。

在志愿者完成各自任务的同时，研究人员用仪器扫描他们的大脑影像，观察他们脑部哪一块区域何时处于活动状态。

研究者发现，当志愿者在完成记忆练习的时候，他们的精力就会非常集中，但是在任务完成后的休息时间里，大脑的其他区域就会变得忙碌起来。

那些没有任务坐在那里无所事事的志愿者，大脑中有一些网状区域始终处于活动状态，例如，大脑的前方中央的额上回、大脑旁的脑岛和脑后方的颞叶部位最为活跃。这种没有受到外在事物刺激的思维状态，就是做白日梦的状态。

研究者认为，人类的脑部在无所事事时会活动，这是人们某些基本思维活动的基础。完成任务后处于休息状态的志愿者做白日梦是为了使大脑保持活跃状态，不会因为工作的枯燥而变得麻木，从而顺利地完成一些普通的工作。

没有任务的志愿者的大脑则完全处于游走状态，这样可以自然地将一个人的过去、现在和将来的经验连贯起来。

因此，白日梦对人们的益处大于坏处，它是人类进化过程中大脑产生的一种自我保护机制。

根据这个研究可以看出，人们在做白日梦的时候完全处于一种自然的状态。而且大部分时间我们的脑子里并不会有太多的幻想，大脑神游只会在大脑处于空闲状态时才会出现。

人们在成长的过程中，由于阅历有限，经常会对遇到的很多事物充满着好奇，这时就只好靠自己的想法去理解事情了。尽管很多时候现实条件对梦想的约束很大，但是人们还是会很开心地享受想象的乐趣。

有些上班族在工作时，虽然人在办公室，但心却飘到了千里之外。开小差的大部分原因是手头的工作过于枯燥和单调，让人难以提起兴趣。因此，上司对他们呵斥一通是并不能解决问题的。这时可以交给他们一些与日常不同的任务使他们停止做白日梦的行为。

看来，要消除白日梦，抑制并不是最好的方法。要提高生活的丰富性，转

移注意力，才可以改善工作的时候开小差。

从心理学的角度来看，偶尔做做白日梦可以起到愉悦身心的作用。白日梦里的情节大多数是愉快的结局。

在白日梦里，人们可以从中得到取之不尽的快乐。因为在白日梦里，自己的各种欲望都可以得到满足。在白日梦中也没有挫折和烦恼，即使有也会很快地迎刃而解。因此，适当地做白日梦是有很多好处的。

白日梦让我们学会抗拒欲望的诱惑，在白日梦中，我们充满了幻想，梦想之后又回到现实。这种幻想与现实的反差，使我们懂得现实生活中有许多欲望是难以满足的。

白日梦可以激发你的思想火花，做白日梦的时候大脑不受任何传统思维模式的限制，如果现实中遇到一些棘手的事情，往往会在白日梦中茅塞顿开，想出一些自己平时意想不到但确实可行的解决方案。

白日梦能够增强身体免疫力，一个人的身心过于紧张的时候，体内的免疫功能就会削弱。做白日梦对免疫系统的生化物质起着良性的促进作用，它可以让身体松弛下来，减缓身体的紧张感，增强人体的免疫力，防治疾病的产生。

既然做白日梦有这么多的好处，那么在时间空暇的时候，我们应该怎么做一个“高效”的白日梦呢？

1.入睡前听一些节奏舒缓优美的轻音乐，欣赏音乐的时候最好戴上耳机，闭上双眼。这样做可以最大限度地去除外部环境的嘈杂声，为自己营造一个幽静、舒适的小环境，这样一来，疲惫的身心将会得到充分的放松。

2.让心灵越过沉重的肉身，随着潜意识让心灵自由地飞升。想象自己正躺在空无一人的沙滩上，微风轻轻拂面，蓝色的海水拍打着岸边坚硬的礁石，一群海鸥飞过。转眼间你又来到了古埃及的金字塔……冥想可以带你去任何想要去的地方，遨游一圈回来之后，精力自然会好很多。

3.将意念集中丹田的位置或者两眉之间，专心致志地呼吸。这时，脑中如果出现杂念，可以将杂念想像成一团藏在脚底的气体，将其慢慢地从脚底升至头顶，直到在头顶渐渐散去。这个过程可以进入人的潜意识，放松和集中注意力。

虽然做白日梦有诸多益处，但是如果总是畅游在毫无牵绊的精神漫游中，就会影响到我们的正常生活了。

工作的时候，要多留意自己的心灵状态，随时提醒自己面对重要的事情时，要全力以赴。不能因为做白日梦错过了努力和成功的机会。必要的时候还要抛弃一些不切实际的想法，多利用大脑的相关区域做一些有益的事情。

8. 装快乐，你就能真快乐

虽然生命中总会有一些忘不掉的痕迹，但我们可以将它们暂时地搁置一旁，装作自己是很快乐的样子，然后你就会变成一个眼角眉梢间都溢满幸福的孩子。

小宁是一家事业单位的会计，她有一个相恋多年的男友，两人的感情非常稳定，是大家眼中非常幸福的一对情侣。

可是最近，小宁似乎从人世间蒸发了。单位里不见她的人影，朋友打她手机也总是听到“对不起，您拨的电话已关机”。

原来，即将与她分手的男友因为偷偷爱上了别的女人而决绝地离开了她。为此她大受打击，生活变得一团糟。

她不去上班，经常把自己锁在房间里一哭就是一整天。看到有什么让她伤心的场景就泪流满面，原本漂亮开朗的她变得像个形容枯槁、自怨自艾的怨妇。

看到小宁这个样子，刚开始，她的家人以为她只是被情所伤，过段时间自然就会好起来。于是全家人只是劝她走出阴霾，想开一些。

然而她的情绪开始变得越来越不好，经常随手拿起一件东西就砸到地上。

一个月后，竟然开始对任何事情都失去了兴趣，连她平时最亲近的闺蜜邀她出去逛街都不去，好像再也没有什么事情能让她高兴起来。

后来渐渐地，食欲也越来越差，经常一整天都滴水不进。生活中的事情似乎都与她无关了，整个人仿佛丢了魂一样。

在这种糟糕的状态下，她也越来越无心工作，很快她便因为失职丢掉了工作。

家人看到她工作都丢了，这才意识到事情的严重性，赶紧把她拖到医院去找医生，谁知检查结果竟然是她患上了抑郁症。

人是有感情的动物，在漫长的人生中，每个人都会遇到一些挫折，所以心情难免会有沮丧、低落和消沉的时候。每每这个时候，如果我们的情绪无法及时得到有效的疏解，那么这些负面情绪就会累积起来，使人产生抑郁情结。

当然，大部分人的情绪在经历了一阵子的低落期后，会忘记那些烦恼，重新开朗起来。但是，也有少数像小宁那样的人产生无法脱离的低落情绪，深陷在痛苦的回忆中难以自拔。

由于这部分人受成长环境和个人性格的影响，在压力的积累下缺乏适当的情绪调节和周围人的帮助。所以将坏的情绪状态延伸到了一种病态的程度，最后导致自己的行为和心情都受到了坏情绪的影响，于是产生出无法摆脱的低落情绪，导致疾病的产生。

那么，我们应该如何快速有效地将悲伤转为快乐呢?

医学专家告诉我们，负面情绪会使得人的新陈代谢速度降低，所以，人们经常会在情绪低落的时候，感到精力衰退，对身边的事物提不起任何兴趣。

此时，“假装快乐”就成为了调整不良情绪的有效手段，虽然这一方法是治标不治本，但是确实有一定的效果。这是因为人类的身体和心理之间存在着一定的关系，它们之间会相互影响。

有些人承受着巨大的生活压力，由于无处排解，最终引发了高血压等现代疾病。

有些人性格抑郁，患上精神性腹泻，一遇到着急上火的事情就跑厕所，一天要跑很多趟，吃什么药都不管用。

有些人胆小懦弱，在一些人多的重要场合，会出现很紧张的心理表现，从而产生很多不适的生理现象。

这些现象说明人类的身体与心态之间存在着密不可分的关系。它们是一个相互作用和相互影响的整体。因此，要使自己变得快乐，首先我们就要从心理上让自己“假装快乐”，学会暗示自己“我很快乐”。

此外，由于人的喜怒哀乐还会使神经系统出现不同的反应，因此情绪还会引发相应的肢体动作。比如在快乐的时候，我们会嘴角上扬，面部的肌肉开始放松；愤怒的时候，我们会眉头紧锁，呼吸变得急促起来。

同时，身体语言也影响着我们的情绪，无法控制内心的情绪时，你可以调整自己的身体语言，将你想拥有的情绪调动出来。比如在心情抑郁的时候，可以强迫自己微笑，这时候你很有可能会发现原本沉重的心情开始变得轻松起来。

假装自己很快乐，就会真的快乐起来，这就是身心互动的神奇魔力。有句话是这样说的：“装傻的时间一长就会成为真傻，装快乐时间长了就成了真快乐”。因此，快乐可以通过培养和训练成为一种行为习惯。

1. 养成微笑的习惯。虽然微笑并不表明快乐，但微笑是快乐的开始。人们在小的时候都很爱笑，但是随着年龄的增长，他们微笑的习惯便随着远去的青春一起遗失在流逝的岁月中了。如果你的微笑一个星期都不会出现几次，就应该考虑自己是不是抑郁或压力太大了。

2. 对别人微笑。要让自己快乐首先要让别人快乐，只有在别人的眼里看到了快乐，我们也才能由内而外地快乐起来。

3. 让自己的脸上永远挂着笑容。很多人对自己的笑容非常吝啬，还有一些人认为笑多了就不正经了。其实并不是这样的。要学会经常在脸上挂着一抹微笑，哪怕不是发自内心的微笑，笑的习惯了，次数多了，自然就会成为真正的笑容。

4. 不要过分地担忧。傻子往往比我们正常的人快乐得多，而且大多很长寿，

因为他们无忧无虑。虽然我们不能为了快乐去主动变成疯子，但是可以尽量的忘掉忧愁。不要总是让自己忧虑各种事情。尽量将它们忘掉，并且将此作为一种习惯保持下去。这样，你会得到心灵的安乐。

5.尝试“笑功”。先将两腿站直，然后将身体向前弯曲呈90度，接着向后仰10度，同时配合喊出“哈哈哈”的声音。整个过程中，声音和动作要尽量夸张，连做6次后就会有心情舒畅的快乐感受。

快乐的真正价值在于它能够净化和安慰我们的心灵，让我们能够保持一个健康、自由、开放的状态，去接受自然和感知世间的一切事物。同时快乐对于我们来说只是一种思想意识状态的选择，所以，快乐是没有条件的，只要你愿意，任何时候都可以快乐。

9. 祛除情感伤疤，做次“情感整容”

追忆过去，只能徒增悲伤，当你掩面流泪的时候，时光已经悄然而逝，幸福也从你的指缝间悄然溜走。

当代社会非常流行整容，无论在电视里还是大街上，到处都是垫鼻子、割双眼皮、美臀美胸的整形广告。一股“寻找青春热”正在影响着日渐衰老的人们，他们希望通过整容手术、注射生长激素的办法来减缓衰老的脚步，恨不得让时间开始倒流。

尽管很多人希望通过整形手术来获得情感的满足，但是手术只是将日渐老态的容颜变得看上去年轻了一些。人们的心理并没有发生任何改变，过去的日子里累积的沮丧和失望之情依然存在。因为他们的心早已被岁月打磨得千疮百孔，刻满了一道道难以修复的伤痕。

镜头一：从小学到高中，只要在上课的时候被叫起来回答问题，高飞说话就开始变得结结巴巴的。为此，他经常受到其他人的嘲笑，甚至有的人还当着他的面学他说话。被人奚落得久了，上课时他再也不去主动地回答问题了，任何时候都把自己的想法搁在肚子里，不让别人知道。

镜头二：到了结婚的年龄，高飞娶了一个“气场很强”的妻子，家里所有的事情都必须由她决定，包括他每天穿什么衣服、每个月的花费支出，就连家中摆设的位置都不能随便改变。哪怕只是移动了一个茶杯，她也会喋喋不休地开始责怪。因此，为了耳根能够清净一点，在这桩婚姻里，他始终采取将话烂到肚子里的态度。

镜头三：不久前，高飞成为了社区居民委员会的一员。在一次居民会中，与某个居民提出的意见严重不一致。这个人不仅能说会道，而且由于在当地很有影响力，因此态度非常强硬。无论高飞提出什么观点，他都会马上完全否认，并且还鼓动其他的社区成员一起与高飞作对。最终，在一年任期结束的时候，高飞的票数未能过关，没有再次成为社区的委员会成员。

镜头四：闷头苦干的高飞颇受领导的赏识，因此他晋升成为了公司的一名高管。由于有一个权威的上司在背后全力支持，他提出的意见别人都会满怀尊重地聆听。这种环境要比他在任何一个时期的环境都要好。本来他可以在这个时候充分崭露头角，发挥自己的作用，但是由于长期以来他都处在被压抑的环境里，在这种相对宽松的环境中，不但没有展示出一个聪明能干的管理者的样子，他竟然慌了阵脚，无所适从。

这几个一连串的人生镜头，让我们看到高飞情感伤疤的层层累积。刚开始，他无法与学校中嘲笑他的同学、盛气凌人的妻子和骄傲跋扈的小区居民打交道。当他成为公司的高管之后，本来之前的一切都无关紧要了。因为这时的他已经处在了一个截然不同的环境中，周围是相对宽松的良好氛围。但是由于他在过去的人生中曾被人伤害或打击过，为了防止今后受到来自同一渠道的伤害，这些情感伤疤逐渐累积，变成了一层坚韧的保护膜。

这层保护膜虽然能保护我们免受最初的伤害，但是与此同时，也将其他的

所有的人和事都拒之门外了。一道无形的情感之墙由此建立，无论是敌是友都无法轻易地穿透它。

如果人们的情感伤疤在很长一段时间内得不到有效的“祛除”，总是对人生心怀不满和怨恨，慢慢地就会变得像蜗牛一样，总是钻在自己的壳中，不敢也不去面对这个世界。

这种心态的人只能像个垂暮的老人一样永远生活在过去的回忆中。人生在世，只有保持一个年轻的心态才能将岁月的痕迹从心灵和脸庞上抹去，使人变得更有活力，甚至能够洞察到未来的事情，从而对今后要走的路抱有更大的期望。

因此，我们要时常给自己来一次“感情除疤”，通过“情感整容”来让自己保持活力：

1. 释放消极的压力

可以通过跟别人沟通、聊天等方式及时排解抑郁的心情，阻止情感伤疤的形成。学会正确看待自己的过失，使自己拥有一颗坚强的内心来憧憬未来。

2. 不要过分地自我保护

过分地保护自己，不但会令自己更加脆弱，还会给自己带来更大的伤害。因为当我们建筑起一层使自己免受伤害的保护膜时，会切断我们与外界的联系。时间久了，不但会发现自己与别人无法沟通，还会觉得根本无法适应这个社会。

因此，必须适当地打开保护膜，体验一下生活中的错误、失望与拒绝。必须让自己敢于去接受生活的磨炼，这样才不会被困难阻挡你前进的脚步。

3. 不要沉浸在过去的阴影里

人的成长总是伴随着一系列的挫折和失败。从第一次蹒跚学步摔跟头开始，我们会不断地“摔跟头”。如果你总是沉浸在第一次摔跟头的疼痛里，那么害怕疼痛的心理会让你永远不敢迈出脚步，去走以后的路。

要学会控制自己的心理，多筛选过去成功的经历，这样会让你下意识地接受一个全新的自我意象。

4. 放松使你远离伤害

当我们感到受伤或受到冒犯的时候，你根本不必做出任何反应，只需要保持身体放松就可以了。因为我们的感觉完全取决于自己的反应。没有人可以伤害到你，除非你允许别人对你做出伤害。

5. 拥有一个独立的自我

在感情上需要依附别人的人，受到伤害的几率往往会更大。因为这种人的感情一般都很脆弱，受不了情感上的伤害。

相反，拥有独立自我的人并不奢望每个人的欣赏和认可，他们会为自己的生活需要和情感需求来承担责任。因此，必须要学会自己认可自己的成就，而不是等待别人对自己的行为做出判定。

有时，生活会迫你咽下苦酒，让你尝遍种种苦头。这时，一定不要沉湎于昨日的忧伤中自怨自艾。要学会忘记，给自己做一次情感手术，让自己的内心变得平和起来。只有忘记了他人对你的伤害，才能练就豁达开朗的心胸，造就一个全新的自己。

10. 挖掘潜意识里的生命宝藏

人们经常用奇迹来形容无法解释的超自然能力，这就是在指潜意识的力量。如果懂得开发这与生俱来的能力，那么几乎没有什么愿望是不能实现的。

如果把人的所有意识比喻为一座冰山的话，那么被大多数人利用的显性意识就像浮出水面的冰山一角，仅仅占到了整体意识的百分之五。也就是说，百分之九十五隐藏在冰山底下的意识都属于人脑中的潜意识。

在大脑隐藏着的潜意识里，蕴藏着我们在过去所得到的最好的生存情报。

因此，只要善于挖掘这种与生俱来的能力，我们几乎就可以轻易实现自己的愿望。

除此之外，潜意识还是我们情感的发源地。潜意识一旦接受了某种想法，就开始随着这个想法的轨迹得以发挥。它既接受积极的好想法，也会接受消极的坏想法。

如果你的大脑中总是在想好的事情，那么，好事自然就会来找你；如果你消极地使用这个规律，脑中都是坏想法，潜意识就会给你带来失败和沮丧。如果善于挖掘这股潜在的能力，让自己的思维方式变得具有创造性，那么，你不但可以最大限度地开发自己的潜能，还会拥有成功和一切美好的事情。

因此，不论才智的高低和背景的好坏，只要学会在积极的轨道上挖掘自己的潜能，就可以在最大程度上实现自己的愿望，从而呈现出最优秀的自我。

在河北廊坊市，提起姜桂芝，没有一个不竖大拇指的。她原先是一个下岗女工，经过八年的时间，成为了一个有着八百多万资产的企业厂长。

当接受记者采访的时候，这位很朴素的女强人说了这样一段话："以前我一直都觉得自己没什么能耐，能在单位混口饭吃就觉得心满意足。如果不是遇到下岗，恐怕这一辈子都会浑浑噩噩地度过。"

在姜桂芝四十五岁那年，她所在的工厂宣告破产，她成了一名下岗女工。由于丈夫在一年前也下了岗，儿子还正在读大学。为了使这个家继续支撑下去，她将所有的眼泪和痛苦咽到了肚子里，决定到街上摆个小摊卖早餐。

以前没下岗的时候，她都是七点半起床，然后才开始不慌不忙洗漱出门。可是现在，她必须五点钟就起床，提前将摆摊要用的工具和食物都准备好。

刚开始出摊的时候，她总会觉得不好意思，叫卖时的声音都是结结巴巴的。慢慢地，她的胆子开始变大了，每天早上都会对着街上来来往往的人高喊："卖包子！热腾腾的包子啦！"或者对路过小摊的行人说："坐下喝碗豆浆吧！我家的豆浆营养又卫生！"有时她还会在客人吃包子的时候，赠送一份自制的咸菜。

于是，很多人都喜欢光顾她的生意。到了月底的时候，她大致结算了一下，除去成本外，居然有两千元的纯利润，整整比下岗前的工资多了一倍，她非常兴奋。

虽然卖早餐要比上班的时候要累很多，但是她却很高兴，心里变得豁亮起来。

由于生意越来越红火，她一个人开始忙不过来了，于是说服拉三轮的丈夫跟她一起出摊。夫妻俩齐心协力，开始了新的人生旅程。

他们从卖早餐开始，到盘下店面卖饺子、卖小吃，后来又开了一家面食加工厂。八年的时间，姜桂芝从一个生活无着落的下岗女工成为了一个有八百多万固定资产的民营企业的女厂长，被当地政府评为“再就业明星”、“市三八红旗手”。

生活中，有多少人在浑浑噩噩地过日子，在安乐的生活中懈怠？又有多少人像下岗前的姜桂芝一样认为自己没有什么本事就安于现状、不思进取？有些时候，我们需要一种危机感，激发我们自身深藏的潜能，唤醒内心深处被掩埋已久的激情，实现人生的最大价值。

虽然潜能可以帮助我们实现自己的人生价值，但是潜能需要积极地去开发才能变成实际的能力。很多人不但不清楚自己具备哪些潜能，而且也没有一个明确的目标来激励自己开发潜能。因此，我们要掌握开发潜能的方法，这样才会获得成功的希望。

1. 确立明确的志向

人必须要有清晰和固定的目标，否则难以察觉到自己内在的潜能。因此，确立一个明确的志向才会对自己严格要求，勇于克服前进道路上的一切困难。有些人智力很高，尽管可以成为有意义的特殊人物，但由于没有远大的志向，现在的智力都得不到彻底的发挥，永远只能是一个普通人。古人所讲的“志不强者智不达”“非志无以成学”就是这个道理。

2. 提高身心的健康水平

健康的身体可以带来愉悦的心情，愉悦的心情可以开发人的智力机能。如果没有一个好的身心，人的智力就会受到限制。可见拥有一个健康的身心是挖掘潜能的基础。要使身心健康，不但要调整饮食、睡眠和运动，还要培养自己良好的心理品质。

3. 学会坚持

在向目标迈进和开发潜能的过程中，挫折和困难将会随时出现。这时，我们必须坚持、坚持、再坚持。从现在开始，将你所有的才华和能力聚集在一个特定的目标上，并且专注地坚持下去，你就可以逐渐地开发出令自己吃惊的潜能。

4. 学会自我激励

一个没有受到激励的人，只能发挥其能力的四分之 ，而当他受到激励时，其能力就可以发挥到所有能力的四分之三。也就是说，同样一个人，在通过充分激励后，所发挥的作用相当于激励前的三倍。

所以，我们必须学会自我激励。自我激励的秘诀就是，无论环境好坏，都要不断地鼓励自己。让自己回答以下几个问题，特别是在你感到驱动力下降，热情消退时：

你是否发挥了内心的能力，现在是否在勇敢地克服困难？

对于你来说，什么是有意义的驱动力？

你是否会专注于那些对自己有意义的事情？

是什么在促使你进行思考，是压力，还是自己的信念？

你是否为自己制定了一个遥不可及的期望？

是否有挑战自我，让自己做到最好的决心？

当你停滞不前或懈怠的时候，这些问题所形成的“激励体系”将督促你勇往直前，对你的生活和工作产生立竿见影的效果。同时，你也需要拥有持久的自省力和韧性来执行。

在我们的本性中，都希望自己能够成为想象中的样子。为了让自己朝着适合的方向发展，就要在心中清楚自己最想成为一个什么样的人。

在确定了这个目标之后，不妨问问自己现在需要做出哪方面的改变，准备在什么时候开始行动。只要你有一个明确的目标，并且清楚想要做什么事情，而且在努力的途中不轻易言弃，就可以打开生命中潜在的宝藏，发挥人生的最大价值。

11. 相信阳光总会到来

生活中，我们会遇到很多困难和挫折，有时候也会被这些“乌云”搞得懊恼和失望。但是，无论在任何时候都要记住，明媚温暖的阳光永远是蓝天的主角，乌云只是你生命中偶尔飘过的小插曲。

我们生活在现实的社会中，无论是在生活还是工作中都会遇到困难和挫折。如何正确地面对它们，这是我们每个人都必须回答的问题。勇敢地去面对，想办法去战胜它，这样才可以走向进步，如果遇到困难就去逃避的话只会使人走向失败。

人们从一生下来，就免不了要同困难打交道。我们每迈出一步，都会遇到压力和困难，感受到道路的泥泞和坎坷。但是这并不代表你就要像所有的困难妥协。俗话说，“困难像弹簧，你弱它就强”。只要你变得强大起来，还会惧怕什么困难吗?

无论是自然环境还是社会环境，虽然我们身在其中，但是它们从来不会以我们的个人意志去发展。我们的使命就是通过改变自己去适应自然、适应社会。

因此，很多人都会感受到来自各个方面的压力，甚至有人会觉得活得太累、太难了。虽然确实很累，但是这种叹息并不能解决任何问题。生活越难越累，越是需要我们冷静地考虑如何摆脱困境的束缚。

桑兰是原国家女子体操队队员。六岁时进入宁波市少年体育学校，九岁时进入浙江省体育专业学校，并在第九届浙江省运动会上取得了高低杠、平衡木、自由体操和全能竞赛第一名的优异成绩。

由于桑兰训练中特别能吃苦，所以她的进步也就很快。在她十二岁的时候，凭借跳马这个优势项目，进入了梦寐以求的国家队大门。

十七岁那年，桑兰代表中国参加了在纽约举行的友好运动会，参赛项目正是她的绝对优势——跳马。

但是令人没有想到的是，就是在自己的优势项目上，桑兰却出了意外，她在决赛前的热身中受伤，导致胸部以下瘫痪。这一诊断不仅宣布了桑兰的运动生涯就此结束，同时也说明，桑兰以后的岁月里将不得不依靠轮椅走完下半生。

然而，乐观坚强的桑兰并没有被这残酷的现实击垮。经过多年努力，她迎来了人生中的另一个春天。她不仅成为了北京大学广播电视新闻专业的学生，还受到了星空卫视的力邀，主持即将开播的奥运特别节目《桑兰2008》。

虽然已经远离了心爱的运动场，但是桑兰说："我会在主持人的岗位上，继续为我喜爱的运动事业做贡献。虽然我没有过多的主持经验，也没有充沛的体力，但是我一定能面对和克服这些困难。因为我一直都在不断地充实自己，相信自己可以做得很好。"

多年来，桑兰一直用自己的乐观和勇气感动着周围的人们。

2008年，桑兰成为了北京奥运会首批传递火炬确认的火炬手之一。当时工作人员看到她的手活动起来不太方便，曾经想帮她在轮椅上架一个架子，把火炬架在里面，但是被她婉言拒绝了。

她要用自己的手来完成火炬传递工作。就这样，桑兰一直在用自己的乐观和永不放弃的毅力感动着全世界关心她的人们。

身处困境的时候，不要去畏惧那些困难，而是要勇敢接受挑战，战胜困难。但是仅有战胜困难的勇气是不够的，这时，更重要的是学会理智的分析，明白这些困难哪些是客观的，哪些又是由自己的主观意识造成的。如果是客观条件下造成的困难，就应该力求避免；如果是主观条件下造成的困难，就应该努力地将它克服。

人的生命和精力总是有限的，我们应该尽量地减少和困难相碰撞的机会。

因为无论从哪方面来说，遇到过多的困难并不是什么好的事情。经常会有人觉得，多经受挫折是一件很好的事情，这样可以锻炼人的心智。抱有这种想法的人，经常会在人为的困境中难以解脱，从而浪费掉了很多的大好时光。

我们应该努力减少自己主观判断上的失误，把更多的时间和精力放在对付客观困难上。虽然判断上的错误和失败在所难免，但是绝不能以此为借口，放纵自己犯主观判断的错误。学会科学地对待各种困难，不要被困难所吓倒，更不要在自己打造的迷宫里打转。

除此之外，我们还要学会忍耐，培养自己坚韧和不屈不挠的性格。成功的人往往是能够忍耐、懂得克制和从不轻易放弃的人，而不一定是最有才华的人。因此，当我们在生活中不幸遭遇失败后，需要重新再来的精神。

人生难免会遇到挫折，没有经历过失败的人生就不能称为完整的人生。种子要萌芽成长，必须要在黑暗中挣扎，这样才会看到破土而出时的第一缕光亮；蛹破茧而出，必须要经历痛苦才能拥有美丽的翅膀。也正是因为有挫折的存在，才有强者和懦夫之分。要想造就不屈不挠的人格，就要经受挫折的洗礼。

艾青曾经这样描述礁石的形象：“一个浪，一个浪，无休止地扑过来，每个浪都扑在礁石的脚下，被打成碎片，它的身上、脸上到处都是伤痕，但它依然挺立在那儿，含着微笑，面对海洋。”我们要拥有像礁石的勇气和毅力，才能在充满坎坷和曲折的人生道路上获得成功。

是金子，总会发光；是玫瑰，总会开放。失败了，别再徘徊。相信自己一定会穿过重重迷雾，欣赏到灿烂的阳光，开创出属于自己的美好未来。

小测试 与人交往时，你会害羞吗？

根据自己的实际情况，选择适合自己的选项，然后计算出自己的得分。

1. 你刚买回来的新衣服，会什么时候开始穿？

A. 先放一段时间（3 分）

B. 一直看到周围有人穿上同款的，才穿出去（5 分）

C. 只在家里穿（1 分）

2. 当你去朋友家时，却忘记了朋友的门牌号，你会

A. 随便敲一家的门，说不定就碰对了（1 分）

B. 打电话询问一下朋友（3 分）

C. 一家一家找，一直找到为止（5 分）

3. 你去机场接一个自己不认识的人，你只知道他的姓名和外貌特征，当你发现一个这样的人时，你会

A. 走上前去进行询问（1 分）

B. 找一个大纸，写上他的名字，在他的视线内晃动，引起他的注意（3 分）

C. 一直等到所有旅客走完，如果他还没走再过去招呼（5 分）

4. 在公司的会议上，你对所讨论的事有不同想法，你会

A. 直接在会上说出来（1 分）

B. 散会后单独向有关人员提出（3 分）

C. 期望在会议上有人代你说出来（5 分）

5. 一天，你家里突然来了一个你从未见过面的远房亲戚，你会

A. 担心自己的言行举止会有不当的地方（5 分）

B. 一见面就能轻松地进行谈话（1 分）

C. 开始时有些不知说什么，慢慢地就好起来了（3 分）

6. 当你在咖啡馆喝咖啡时，突然发现自己的偶像也在这里，你会

A. 自然大方地走到他面前与他交流（1 分）

B. 想上去让他签名，但又不敢（5 分）
C. 在朋友的帮助下，你鼓足勇气去找他签名（3 分）

7. 当你想去电影院看电影时，你希望自己的坐位
A. 中间视线好的位置（1 分）
B. 旁边后排的位置（5 分）
C. 随便哪儿，只要不在中间就行（3 分）

8. 在一次聚会上，一个你不认识的异性一直看着你，你会
A. 装作不知道（3 分）
B. 也一看着他（她）（1 分）
C. 将头低下，躲开他的视线（5 分）

9. 在聚会上，你看到一位吸引你的异性，你会
A. 盼望着他（她）能够注意自己（5 分）
B. 请朋友引见（3 分）
C. 自己走过去主动自我介绍（1 分）

10. 上司要求你直接称呼他的名字，你会
A. 感到非常荣幸（1 分）
B. 无所谓（3 分）
C. 感觉有些别扭（5 分）

11. 春节公司举行联欢会时，上司让你来作节目主持人，你会
A. 高兴地接受（1 分）
B. 心里有点害怕，但依然答应试试（3 分）
C. 感觉太难了，不肯接受（5 分）

12. 当你进入一个全是陌生人的环境里时，你会
A. 考虑自己要不要进去（3 分）
B. 等着有熟人来时才跟着一起进去（5 分）
C. 自自然然地走进去（1 分）

答案分析：

12—22 分：这个分数之间的人一点也不会因外界的陌生而会害羞，总是对自己充满自信，这使你能抓到很多施展才华的机会。但一定要注意分寸，以免因过度自信而让人感觉有点自大。

23—46 分：这个分数段的人的羞怯度属于中等。虽然可能会给你的处事带来一些障碍，但如果处理得当，也会成为你的优点。

47—60 分：这个分数之间的人的羞怯心比较重。这种人对自己往往没有信心，不喜欢在人多的场合亮相，很不善于交际。但处在这个分数段的人勤于思考，机敏睿智，为人谨慎，凡事多为人着想，不蜚短流长，是很值得交的一类人。

第 5 章

完善自己，带领影子脱离黑暗

1. 江山易改，秉性可移

性格决定命运，命运影响终身。改变了性格的缺陷，也就改变了自己的命运，同时也就可能改变了你的一生。

俗话说“江山易改，秉性难移”，意思就是说，人们本性的改变，比江山的变迁还要困难。这其中的秉性从心理学上来说，是指一个人的性格。性格的形成又与后天环境和个人的修为有关，因此，从某种意义上说，性格不是太“难移”。

虽然人的性格一般来说都比较稳定，但这并不意味着它是一成不变的。在日常生活中，我们经常会遇见这样一种人，他们在年轻的时候，脾气可能非常暴躁、极容易冲动，但是随着阅历的增加，经过生活的磨炼，特别是吃了坏脾气的亏之后，脾气就会变得越来越平和，遇事也不再像年轻时那般偏执，这说明人的坏脾气是可以改变的。当然，也有不改变的，那是因为这类人没有意识到自己性格的缺点，更没有完善自我的打算。

由于每个人的成长背景不同，所以每个人都有自己独特的性格和与众不同的地方。性格是个非常复杂的东西，我们很难用几个特定的词语将每个人的性格准确地描述出来，但性格却是区分人与人差异的重要标志之一。和人的指纹一样，它们之间只有类别的相似，没有绝对的相同。

心理学家认为，性格决定命运。现在社会是一个充满激烈竞争的社会。因此，了解性格、认识性格，并利用恰当的方法来培养优良的性格就显得尤为重要了。

要想得到成功的硕果，不能依靠别人。成功要靠自己的意志、靠自己的态度，特别是要靠调整自己的性格去改变命运。性格决定命运，命运影响终身。

改变了性格的缺陷，也就改变了自己的命运，同时也就可能改变了你的一生。

李明博在大学毕业后加入了韩国现代集团，成为了公司中的CEO，后来又当选为首尔市的市长，他以当CEO的理念从政，政绩显著。最终成为了韩国的新一任总统。

他在成长时期，经历了一段非常艰苦的生活。在与贫穷的斗争中，他的性格非常的内向和害羞。但他通过努力改变了自己的性格，比如出任学生会长、领导学生运动，后来又进入了建筑业。

慢慢地，他的性格变得外向和开朗起来。由此看来，性格并不是一成不变的。

在一篇文章里，李明博谈到了性格的改变、完善和管理，他说，要改变自己的性格，不要首先判断环境是否适合自己，而是要通过改变自己的性格去适应环境。

这个世界不会把适合你的环境移到你的身边，尤其是刚步入社会的年轻人，大多无法与新的生活环境相融合。因此，需要改变自己的性格，让自己来适应生活。因为生活永远都不会为了适应我们而改变。

要想对自己的性格做出适当的调整，更好地适应社会，首先就要弄清楚自己是一个什么性格的人。如何准确地认识自己的性格呢？我们可以从不同的角度来对人的性格做出一个评定。

一般来说，人的性格特征主要分为活泼型、指挥型、完美型和平和型四种。不同的性格在生活中会有不同的表现，看看下面的描述，对照一下自己是什么性格的人吧！

1. 活泼型

主要特征是外向和乐观。这类人似乎永远都处于兴奋状态，他们对什么事情都感到新鲜和好奇，就像一个对世界充满好奇的孩子。

他们喜欢通过大声说话和打断别人的谈话来引起别人的注意；他们喜欢演讲，喜欢在舞台上被人关注的感觉；他们喜欢富有创意的生活，脑子中总会冒出用不完的新想法；他们是天生的乐天派，似乎永远不知道什么是忧愁。在生活中遇到不顺心的事情时，会立刻去找人倾诉。由于这类人总是一副大大咧咧的样子，因此他们经常给人一种没有条理、粗心大意、缺乏耐心的印象。

2. 指挥型

主要特征是坚定自信且富有主见。他们是天生的领导者，喜欢领导并支配别人。

他们雷厉风行、充满干劲，做事的时候目标清晰，重视任务的完成；他们富有进取性，喜欢接受挑战和参与竞争；他们固执暴躁，爱发脾气，难以放松自己；他们率性固执，经常在争论的时候不懂得给人留余地，忽视人际关系。由于性格过于急躁，所以常给人留下神经大条，容易忽视细节的印象。

3. 完美型

性格特征是内向、思考、忧郁。他们是天生的完美主义者，总是不由自主地挑剔。

他们严肃认真，待人接物彬彬有礼；他们穿衣整洁得体，做事有条有理；他们认真严谨，对数字天生敏感，要求精确；他们一丝不苟，追求高质量和完美无缺的生活；他们先思考后说话，对事物的见解深刻；他们怕别人不在意自己，又怕太受别人关注；他们对待别人和自己都很严格。由于他们总是在关注这个世界的缺点，所以容易给人一种消极、忧愁、不苟言笑的印象。

4. 平和型

主要特征是安静、亲切和机智。他们是天生的老好人。

他们善良、稳定、幽默，喜欢和谐的人际关系；他们害怕和回避冲突，善于调解矛盾；他们随遇而安，心态平衡；他们知足常乐、漫不经心；他们习惯待在角落，不愿意引起别人的注意。由于他们通常对任何事情都不发表意见也不做决定，往往给别人造成没有主见的印象。

我们每个人几乎都是四种性格的组合体，很少有完全单一性格的人。只不过有些人的某个特点突出一些，会倾向于某种类型，这种类型就是这个人的主导性格倾向。

人的性格其实是没有好坏之分的，正是有不同性格的人存在，我们的世界

才会变得丰富多彩。活泼型的人给人们带来快乐，指挥型的人为世界带来了力量，完美型的人给我们带来了安定，平和型的人使世界变得和谐。

性格不存在优点和缺点的说法，性格只是每个人的不同特点。积极乐观的人发明了汽车，而消极悲观的人发明了安全气囊。因此，所有的人都是人类文明的贡献者。

尽管性格没有严格意义上的好坏之分，但是在日常生活中，不同的性格往往发挥着不同的作用，给我带来各种正面或者负面的影响。例如活泼型的人没心没肺，经常会不经意地伤害到别人；指挥型的人太过自我，不善于处理人际关系；完美型的人过分挑剔，令人无所适从；平和型的人缺乏主见，好当和事佬。这些性格也许在平时不算什么大问题，但是具体到某件事情上，却往往决定了这件事的成败与否。

性格将决定着你的生活质量和事业前程，相信没有人会希望自己在人生的道路上遭遇失败。因此，我们要善于管理和改善自己的性格，在必要的时候甚至改变自己的性格。

学会在生活中扬长避短，以最大限度发挥自己性格的正面影响，减少自己性格所造成的负面影响。现在开始完善自己的性格吧！要相信改变性格就可以改变命运。

2. 适时发泄，别让坏情绪吃掉自己

如果把生活的压力比喻成一座大山的话，在承担压力的同时，有的人会欣赏山间的美丽风景，有的人则整天病恹恹的。如果你会调整自己的情绪，病恹恹也会变得精神饱满。

在这个复杂的社会中，免不得会遇到这样那样的压力。在生活的重压下，有的人坚强乐观、充满干劲；有的人则是闷闷不乐、颓废度日。因此，一定要

学会调整自己的情绪。懂得控制情绪的人往往会成为生活中的成功者。相反，失败者很容易被情绪所反制。

我们要学会给压力找到一个出口，学会给自己适当的减压，将命运牢牢地掌握在自己手中。

房间里流淌着节奏舒缓的轻音乐。这时，离开课还有 10 分钟，方红已经换上了练功服，点燃了味道奇异的印度香。学员渐渐地多了，她们轻轻的铺好垫子，盘腿坐下。

方红拉下了所有的窗帘，走上教练台坐下，“请大家慢慢地深呼吸，调节自己的情绪，跟着音乐平静下来……”

从最简单的盘腿而坐，到站立前倾，方红认真地示范着每个动作。一个小时过去了，方红和学员们再一次深呼吸，轻轻拍打着双腿和腰部，放松着自己的身体。

方红是一位年近四十的瑜伽教练，但是岁月并没有在她的脸上留下过多的痕迹：高挑的身材、细腻的皮肤、时尚的穿着、轻快的脚步。

10 年前，她曾经是一个电器厂的操作工人。长期加班使她的身体状态很不好，不仅面色枯黄，还长期处于压力和焦虑的精神状态中。每天下班回家只想睡觉，那些年就好像把自己抽空了，有种亏空的感觉。

性格内向的方红为了疏解自己的工作压力，开始慢慢地接触瑜伽。起初，她只把这种健身方式当做了发泄情绪的突破口。可是渐渐地，她发现每次做完瑜伽都有一种如释重负的感觉，而且心情也会好很多。于是，她在锻炼过程中爱上并走上了健身行业。

在教练的鼓励下，她参加了健身协会的培训，而且还拿到了“健身指导员”证书。于是，方红开始了她的教练生涯。后来，她又拿到了“瑜伽中级教练证”，开了一家属于自己的健身房。

现在，方红的学员人数已经过千，其中，既有豆蔻年华的孩子，也有年过中旬的妇女。方红从一名普通的工人成为了光彩照人的健身教练。她说，是健身使她从压抑烦躁走向了积极健康的生活。

每个人都有开怀大笑、幸福开心的愉快时光，也有焦躁不安、万念俱灰的低落时刻。虽然这些情绪都是人们的正常情感表现。但是坏的情绪会减弱我们的体力和精力，使我们在日常生活中感到疲惫焦躁，对任何事情都很难提起兴趣。以下就是几种在人们身上经常表现出来的坏情绪。

抑郁情绪：主要特征是情绪低落、失望和悲伤。这类人容易伤感流泪，感到生活没有意义；对未来悲观失望，不愿回忆不愉快或痛苦的经历。经常伴有兴趣减退、懒散、脑力迟钝等症状。

焦虑情绪：这是一种预感到似乎要发生到一些不安情况，却又难以对付的紧张情绪，经常表现为惊慌失措、四肢发抖、呼吸不畅、失眠等。

恐惧情绪：是指在与某些事物或人接触时，产生的不合理的紧张不安感。具有这种情绪的人拒绝在公共场合讲话或吃饭，对人群密集的场合感到害怕和恐惧。如果出现害怕的情绪就会出现心悸、呼吸困难、恶心等症状。

强迫情绪：反复出现明知不合理，但又难以控制自己的思维去做那些不合理的事情。这种人一般带有强迫思维和强迫性。

这些坏的情绪会对我们的生活产生很多负面的影响。值得庆幸的是，情绪是一把双刃剑。除了不好的负面情绪之外，还有另外一种积极乐观的正面情绪。

积极乐观的情绪能够形成一种动力，激励我们去努力。它可以促进学习和工作效率，提高我们的生活质量，使我们对生活、人生和社会都充满希望。那么，我们应该如何释放压力，获得积极的情绪呢?

1. 学会静心

在这个社会上生存，必然会经历一些不如意的事情，有压力是避免不了的。所以要学会平静自己的心灵，这样可以很好地舒缓压力。遇到压力的时候，可以找一个听不到任何声音的僻静地方，做10次深呼吸，尽量使自己杂乱的心绪开始平静，或者倾听纯净的音乐、冥想、自省，学会放下心中的忧虑。

2. 学会运动

拥有良好的运动习惯，是健康的基本条件。平时可以通过一些活动来帮助自己减压。

可以选择有森林的郊区，因为树木越多，空气越新鲜。通过接触大自然，可以放松身心、促进血液循环，提升抗压能力。另外，也可以通过做氧气健身操来舒缓情绪。

3. 自我调节

不少人都要面对繁重的工作，有的时候会觉得自己的情绪很烦乱，这时，可以通过自我调节，做到乱中有序。

可以拿出一张纸片，按照事情的优先次序一一记录下来，如有什么需要立刻处理？有什么可以交给别人做？做到心中有数，就可以改善混乱的感觉。

不要在同一时间段里做很多事情，这样承受的压力自然会减轻。要明白，专注可以有效改善你的工作效率。有句俗语为“静中得力”，这是很正确的，因为人在安静的时候，才能把所有的精力集中起来，专注在同一件事上。

4. 合理膳食

食物在一定程度上影响着我们的情绪。因此，人的坏情绪是可以吃出来，也可以吃回去的。

怒：肉和糖吃多了都会使人变得暴躁。要经常摄入一些可以顺气的食品来缓解生气时的胸闷、腹胀和失眠的症状。

山楂可以顺气止痛、化食消积，对于生气导致的心跳过速、心律不齐也有一定疗效；适量地饮用啤酒可以开胃顺气，使人及时走出愤怒的情绪；莲藕不但能通气，还可以健脾胃、养心安神；萝卜最好生吃，如胃不好可以把萝卜做成汤来饮用。

疑：常年吃素的人大多贫血、瘦弱、体力不足。这是因为长期得不到肉类食品中的暖磷脂、蛋白质和脂肪，影响到了脑组织神经的合成与释放。从而导致了抑郁、多疑的性情。

绿茶可以放松人的情绪，使精神处于轻松愉悦的状态；蔬菜中的钾有助于镇静神经、安定情绪；冬虫夏草可以镇静安神。

懒：食盐过量会使人的反应迟钝、喜欢睡觉；饮食单一会导致缺铁，从而显得疲倦。

青菜豆腐，清淡少油盐，可以使人保持振奋的精神状态。

血豆腐炒青椒，血豆腐中含有容易被人体吸收的血红素铁，青椒富含的维生素C可以辅助铁的吸收，起到事半功倍的效果。

悲：体内缺乏镁、维生素C和色氨酸会使人变得冷漠、抑郁、善言寡欲。

花生、鱼片、黑豆富含的色氨酸可以给人带来愉悦的心情；苹果、葡萄、香蕉、橙子可以给人带来轻松愉悦的感觉，让忧郁远离。

除了以上这些方法外，我们还要培养自己广阔的心胸，树立起一种大境界的荣辱观。不要太在意生活中的繁琐小事。

人生一世难得糊涂，对于一些无所谓的小事该忍则忍；对那些触犯原则的问题，绝不可姑息求全，当怒则怒。只有这样，才会使自己的生活健康快乐、逍遥自在。

3. 克服不良心理，为融通人际“开道”

歌德说：“谁要游戏人生，他就一事无成，谁不能主宰自己，他就永远是一个奴隶。”是否能主宰人生，心态很重要。当下的情绪状态，往往会改变一生。

在成功的道路上，很多时候，最大的绊脚石，并非缺少机会，或是才疏学浅，而是控制不住负面情绪，克服不好不良心理。一旦心理状态亮起红灯，“人际之道”便会被堵塞。

日本心理学大师多湖辉，曾亲身经历过这样一件事：

有一天，多湖辉收到一个朋友的来电。那位朋友着急地问：“我们公司目前急招一名职员，你那是否有合适的人选推荐？”多湖辉想到，自己恰好有一位学生毕业在即，也符合对方的要求，便举荐了他。

当天晚上，朋友很快就回电了。多湖辉本以为，朋友是来电通知录用消息的。谁知对方却遗憾地告知他：“你那位学生能力上没问题，人品也不错。但是，他看起来太忧郁，感觉不舒服。算了，他不适合在我们这工作。”

一听这话，多湖辉立马反应过来，这学生有一个致命的缺点：底气不足，说话轻声细语。意识到后，多湖辉说道：“再给他一次面试机会吧？其实他是个乐观、优异的孩子。”看在老朋友的面子上，对方答应了。随即，他叮嘱那个学生，在面试官面前，务必大声响亮地说话。

结果，朋友这次的回馈完全变了，他高兴地说：“我认为他也没那么忧郁，可能因为是第一次就有点紧张了。”就这样，朋友的公司录取了这个学生。

愉悦的情绪，可以感染他人；自然，忧郁的情绪也会影响他人。没人愿意跟一个总是苦着一张脸的人打交道。如果连说话都畏畏缩缩，又如何能委以重任呢？在人际交往上，一个人的心理素质非常重要，当下的情绪状态，往往会改变一生。

为了给人际“开辟疆土”，在与人交往过程中，我们必须极力避免一些不良的心理状态，如：

1. 自卑心理

样貌、身材、身份、地位、教养、学识……这些都是促使人产生自卑心理的因素。不敢表达个人观点，做事优柔寡断，缺乏气魄和胆量，凡事言听计从，毫无主观见解，习惯附和他人观点，提供的意见毫无参考价值，令人感到与之共处是浪费时间的行为。如果你符合这些，那么人们对你自然是避之唯恐不及。

2. 嫉妒心理

吃不到葡萄，却说葡萄酸，这就是嫉妒。它是一种很可怕的红眼病，在与人交往时，要特别留意。一个心怀嫉恨之心的人，通常不会付出真诚，也不会友善待人。如，面对别人的成绩，不是夸赞，而是讽刺；总是盼望着别人不如自己，或者遭遇不幸。

嫉妒，只能产生恨。作家艾青曾说："嫉妒是心灵上的肿瘤！一切嫉妒的火焰，总是从燃烧自己开始。"

3. 猜忌心理

与人相处，最忌讳猜疑，因为这是失去信任的表现。法国作家安德烈·莫洛亚说："多疑的人永远不能成为好朋友。友谊需要整个信任，或全盘信任，或全盘不信任。"有些人总是无端怀疑他人说了自己的坏话或做了不利自己的事。

捕风捉影、不信任他人，这样的人，往往热衷于搬弄是非，容易成为人际关系中的捣乱分子。猜忌，往往伤人伤己。

4. 自私心理

俄国作家马明·西比利亚克说："如果一个人仅仅想到自己，那么他一生里，伤心的事情一定比快乐的事情来得多。"有一些人，总想占别人点便宜，不是冲着对方的身份地位，就是想捞点好处。反之，当别人有求于他时，则闻风而逃，诸多借口。他们眼里，只有自己。这种自私自利的心理，伤人不浅。一旦他人认清其真面目，必与其划清界限。

5. 游戏心理

人与人交往，最不可或缺的便是真诚。如果你抱着游戏人生的心态，把交情当成儿戏，那么，现实会给你一个狠狠的下马威。歌德说："谁要游戏人生，他就一事无成；谁不能主宰自己，谁就永远是一个奴隶。"

6. 冷漠心理

很多人误以为，是自己的优异拉开了与别人的距离，其实造成孤单的罪魁祸首是冷漠。你是否孤芳自赏，视自己为人中龙凤？你是否自我感觉良好，眼睛长在头顶上？你是否爱端架子，一副无人能敌的样子？你是否高高在上，令人不敢靠近？如果是，那么你的人际关系正走向末路。契诃夫告诫道：“冷漠无情，就是灵魂的瘫痪，就是过早的死亡。”

7. 成见心理

丁・莫尔斯说：“成见，就是人们脑子里先前就已经存在的对人、对事或是对于某个思想表示赞同或反对的看法。这种原有的看法，成为人们思想上的一种牵制力，由于它的存在，使人除一种单纯的观点外，不能看到或注意到其他事物。”抱有成见心理的人，凡事斤斤计较，容易在人际交往中，走进死胡同。不放下成见，就永远无法看清真相。

如何打通人际？交际黄金法则这样告诉我们：“你希望别人怎样对待你，你首先就应如此对待对方！”人与人之间的交往，应该建立在互敬互惠的条件上，应该基于双方心理上的互动，情感上的支持。当我们克服以上那些不良心理时，我们便是为融通人际“开”了道。

当然，要想抵制不良心理，除了改变信念，培养成熟品质外，最能立竿见影的方式便是：当下把情绪带离黑暗，营造积极向上的氛围。那么如何营造正面情绪呢？我们可以反其道而行——让身体来影响心理，如：

1. 微笑

微笑，是一副良药。现在就开始，咧开嘴角，向后拉，来一个微笑吧，没有比这更简单的了。笑对生活，才能创造快乐。微笑，是不需要理由的。当你笑时，自然就会开始快乐；当你快乐时，不良心理自然就会被淹没。学着把微笑当成一种习惯，记住，快乐不是等来的，而是自己去创造的。

2. 直视对方的眼睛

有些人与人说话，总是眼神四处游荡，极其不礼貌。往好处想，别人认为这是你的个人习惯。往坏处想，对方就觉得你对他不感兴趣，或者你缺乏自信，不敢正视别人。所以，跟人交谈，就要直视对方的眼睛，用最简洁有力的话表达自己的意思。如此，你会感到自卑感瞬间消失无踪了，同时也会得到他人的

尊重。

3. 做事加快速度

人一生最大的悲哀，就是浪费太多时间在思考自己是否幸福快乐上面。而这种思考，有何用呢？还不如加快脚步，让自己跑起来，用超速的行动力去做事，一旦速度加快，生活就会变得充实，不良心理也不得不退位让贤。

4. 大声说话

每个人都有发言权，每个人的声音都是独一无二的，让世界听见你的声音。美国的心理学家经过上万次的统计研究发现，在所有带有激励性的话语中，有一句话最具影响力，那就是：我喜欢自己！现在就开始，大声说：我喜欢自己！带着这样一股力量去与人相处，所有人都会被你感染。

5. 昂起头

如果你无精打采，耷拉个脑袋，情绪自然只会越沉越低。张开手臂，挺起胸膛，昂起头，来一个大大的深呼吸吧，用行动向全世界宣布：我是成功者，我热爱生活，我乐观向上，我心理健康。一个简简单单的动作，就可以快速改变心境。对此，你不用怀疑。天空很蓝，云朵很白，世界很辽阔。

我们的身体和智慧，是创造快乐的最佳工具，利用自身那些被忽视的条件，来克服不良心理，为融通人际去"开道"。

4. 把欲望控制在一个合理的范围内

水能载舟，亦能覆舟，欲望亦如此。人的心就像是一个可以盛水的空杯子，倒入的水太多后，杯子中的水自然会溢出来。

欲望，每个人都有，也正是因为欲望的存在，才让人有了前行的推动力。除了吃，人与动物最大的区别便是：人的心里塞满了各种各样的欲望。比如美貌、财富、地位。面对这些诱惑，欲望使人们产生了越来越高层次的追求。

所谓，水能载舟，亦能覆舟，欲望亦如此。它不可或缺，但是我们不能受制于它，而是要把它控制在一个合理的范围内，供自己差遣。如果让欲望像洪水一样一泻千里，不加约束，任由其肆虐，那么我们必会因此承受灭顶之灾，坠入欲望的漩涡，不可自拔。

虽然欲望是人性与生俱来的东西，但若是被欲望牵制，沉溺于其中，人们便会沦为贪婪之人。德国著名心理学家弗洛姆说：“贪婪，是一个会给人带来无限痛苦的地狱，它耗尽了人力图满足其需求的精力，可并没有给人带来满足。”

是的，贪婪使人迷惑，使人不知满足，使人丧失理智。因为贪婪，一些幸运的事，变成了遗憾的事。因为贪婪，一些人付出了沉痛代价，悔不该当初。

从前有一座山，山上有个洞。这个洞非常神奇，里面掩藏着数之不尽的宝藏，这些宝藏可以让人一生享用不尽。但据说，这个山洞开一次门，需要一百年。因此，虽然大家对这个传说耳熟能详，但没有人真正见到或得到过这些宝藏。

一天，一个樵夫无意间经过这座山，碰上了这个山洞百年一开的机会。他高兴坏了，连忙跑进去。洞里堆满了一座座像山一样的金银珠宝，樵夫拿起珠宝，急忙往口袋里塞。他知道，洞门随时可能会关闭，自己必须抓紧时间，尽快出洞。

当樵夫把所有口袋都装满了宝贝，兴高采烈地走出洞口后，洞门还大开着。这时，他想：头上的帽子还空着，也可以装上很多，不如再进去一回？

贪婪，使他又跨进了山洞。但是，就在他奔进山洞的一瞬间，洞门关上了。随之，樵夫和山洞，同时消失不见了。

即使我们得到了全世界，但却失去了更重要的东西。人心不足蛇吞象，如果蛇真吞下大象，可想而知毁灭的只有蛇自己。

人摆脱不了欲望，没有欲望，就没有生活的乐趣。然而如果欲望没有节制，一心算计，凡事斤斤计较，会令心理压力越来越大，失去生命的乐趣。在生活

中，我们经常会看到一些本来幸福、富足的人，却因为无止境的欲望，而沦为笑柄，落得个竹篮打水一场空。

有一个老和尚下山化缘，路过一家商铺时，看到了一尊青铜的释迦牟尼像。这尊像形态逼真，神态祥和，非常少见。

老和尚大为惊喜，他想，要是把它放在寺里，开启佛光，岂不美哉。然而，它的价钱令老和尚咋舌，整整五千元！商铺老板见老和尚爱不释手，更是紧咬原价不放，分文不减。

回到寺里，老和尚向方丈和众僧提及此事。听后，方丈很是焦急。这时，一个小和尚说他有办法买到。

方丈问："你能以何价买下它呢？"

小和尚答："五百元足矣。"

方丈惊道："那如何可能？"

小和尚自信地说："小僧自有办法。那老板的欲望之壑难以填平，终将得不偿失，只能赚到五百元。"

"如何做呢？"众人非常不解。

"令其悔恨。"小和尚笑答，众人仍是不解。小和尚只说，按其吩咐做便可知了。

小和尚让所有和尚乔装打扮了一番。

打扮成顾客的第一个和尚下山了，他跟商铺老板砍价，咬定四千五百元不放，未果离开。

第二天，第二个和尚下山继续砍价，非四千元不买，也未果离开。

第三个、第四个……就这样，直到最后一个和尚下山时，出的价已经低到了一百元。

眼见，买主一个个离去，出价也一天比一天低，老板急得像热锅上的蚂蚁。每一次新买主离开后，他都悔恨万分，怨自己没有卖给上一个人。最后，他终于告诉自己，今天要是再来人，不管对方出多少价，我都卖！

最后一天，方丈亲自出马，说出价五百元。老板喜不自禁：价格竟然又反弹了，从一百元到了五百元。老板立即出手，甚至还送给方丈一个砚台作为赠礼。方丈拿走了铜像，谢绝了砚台，笑着对老板说："欲望无边，切不可纵。善哉，善哉……"

贪欲，就像一个无底黑洞，我们永远看不到它有多深。苏联教育家马卡连柯这样说道："欲望，本身并不存在贪欲，如果一个人从烟雾弥漫的城市来到一个松林里，呼吸清新的空气，谁也不会说他消耗氧气是过于贪婪。贪婪是从一个人的需要和另一个人的需要发生冲突开始的，是由于必须用武力、狡诈、盗窃等手段，从他人手中把快乐和满足夺过来而产生的。"

人一旦对欲望不加控制，就会利欲熏心，失去理智，越来越贪。就如同被洗脑了一般，变得不择手段，想的全都是自己能得到什么，占有什么。可是，他们终将空手而归，一无所得。一个人，只有合理地掌控欲望，不断自我反省，看清楚自己的"欲望容量"，才会得到真正的幸福，才能在思想和行为上有止有度。

贪得无厌的人，最终留下的将只有悔恨和痛苦。贪欲和不幸是成正比的。当我们的眼里只剩下自己，而没有别人时；当我们只看见自己没有的，却看不到自己的拥有时，我们的欲望已变成了贪欲。

如何控制贪欲，让自己更快乐？最佳途径便是：对自己拥有的一切感动满足，爱自己，相信自己。抛弃这种视角：看别人时，是长处；看自己时，是不足。贪欲和知足只一步之遥，关键在于我们的心态和内在的充实度。

何时，人会特别饥饿？肚子空的时候；何时，人会变得贪婪？心是空的时候。一个内心充实的人，会感受到发自内心的动力而非无休止的欲望。相反，一个内心空虚的人，则会不断去吞噬更多外在的东西，以满足内心的欲望。

有一个小女孩，因为意外，一出生就患上了脑性麻痹，这个病伤害了她全身的运动神经和语言神经。她不仅面容畸形，一嘴哈喇子，还失去了"说话"能力。在外人眼里，她活脱脱就是一个怪物。但是，这个坚强的小女孩没有被这些外在的痛苦打败，也没有自怨自艾。

小学二年级时，在老师的启迪下，她找到了人生的方向——当一名画家。

为了研读艺术，中学一毕业，她就去了美国洛杉矶学院和加州州立大学。在付出比常人更多的努力后，她终于获得了加州大学的艺术博士学位。而她的画，震撼了全世界。这个小女孩，就是台湾大名鼎鼎的黄美廉。

在一次演讲会上，一个学生问她："黄博士，你从小就长成这个样子，请问你怎么看你自己？难道你从来都不曾怨恨过吗？"

在场很多人皱起了眉头，觉得这个问题太不敬，怕黄美廉承受不住。然而，出人意料的是，口不能言的黄美廉从容一笑，迅速在黑板上写下了这样几行字：

1. 我好可爱！

2. 我的腿很长很美！

3. 爸爸妈妈那么爱我！

4. 我会画画，我会写稿！

5. 我有一只可爱的猫！

6. 上帝这么爱我！

7. 还有……

最后，她总结道："我只看我所有的，不看我所没有的！"

"只看我所有的，不看我所没有的"，这个信念有多少人能做到呢？所谓贪欲，就是相较付出，人们更在乎自己不曾得到的。这样的人，往往外在愈发丰富的同时，内在却愈发荒芜。历史告诉我们，那些有所成就的人，无一不是内心富足，懂得控制自我欲望，能驾驭人生的人。

当亚历山大问一个乞丐"我能给你任何想要的东西，你会选择什么？"时，那个乞丐回答："请不要挡住我的阳光。"

生活中，到处藏着诱惑，有欲望无可厚非，但是必须把欲望控制在一个合理的范围内。我们需不时地自我提问：它是合理的欲望吗？它是超出能力的贪欲吗？用这种方式，去明确贪婪的对象与范围，不使自己陷入欲望的漩涡。

5. 别让自己陷入“精英”的围城

一个人若想轻松自在，不陷入“精英”围城，除了自我减压，还要做到：协调好自己的事，不掺和别人的事，不操心老天的事。记住，我们的快乐，是为了自己，而非别人。

一天，吉普森驾着一艘小船，去参加好友的婚宴。由于宾客都是彼此非常熟络的朋友，所以，吉普森毫无拘束，喝得酩酊大醉。深夜，向新人告辞后，他步履蹒跚地走到了停靠小船的岸边。

夜幕下，吉普森摸上了船。然后，使劲地摇桨。可是扑腾了半天，船仍没抵达对岸。就这样，划着划着，他在浓烈的困意下睡着了。

第二天早晨，在刺眼的阳光中，吉普森睁开了睡眼。一看四周，顿时吓了一跳，他发现船依旧停在原地，根本不曾移动过。难道昨晚自己撞见了鬼？吉普森把自己吓得惊呼而起，惊恐地跳上河岸，想要逃离小船。

谁知，一上岸，他就被绊了一跤，重重地摔在了地上。惊魂未定下仔细一看，原来是系船的缆绳绊倒了他，而绳结仍原封不动地绑在码头桩子上。

人的一生会被很多枷锁束缚住手脚，而且通常不易被察觉。于是，我们便会深陷其中难以自拔。这股力量拉扯着我们，让我们有心而无力，人生的航程也因此受到阻碍。

生活中，我们会遇到各种各样的诱惑，大多数人渴望着世俗的功成名就，希望他人尊重自己、崇拜自己，希望自己有地位、有权利、有身份、有财富，因此陷入了“精英”的围城，很可怕的是，一旦执着于此，生活就会变得一团乱，而自己却还完全摸不着头脑。

越在意自己的渴望和别人的看法，活得就会越累。如果任由自己陷进这种消极情绪，那么“自我高标准”就会变成阻碍人生航程的桎梏。

著名小品演员郭冬临有一个叫《有事您说话》的小品。其中那个对任何人都说："有事您说话！"的小郭，便是陷入"精英"围城的典型例子。

为了让上级领导和周围的同事看得起自己，为了显示自己神通广大，小郭死要面子，慌称自己什么事都能办。当科长为买火车票而发愁时，他自告奋勇称自己在火车站有关系。

为此，小郭不得不起早贪黑，扛着铺盖拎着马扎在火车站排队买票。等了大半夜，好不容易排到了售票窗口，结果票没有了。无计可施下，他只好自己多掏 200 块钱，买了两张下铺的高价票。

在我们身边，这种死要面子活受罪、打肿脸充胖子的人比比皆是。希望得到他人的认可，是一个人最基本的心理需求。但是，不可走火入魔，一旦这种心理需求过分强烈，到了歇斯底里的程度，就会给精神造成沉重的负担，甚至扭曲心灵。

"除非我能得到别人的肯定，否则我便是一事无成，我便没有创造自我价值"、"不管我的工作干得如何，最重要的是那个肯定"、"为了别人的认可，我要努力抬高自己"……这些观念一旦在我们心里根深蒂固，那么我们的精神和肉体都会面临无尽的痛苦，并且越努力反而离快乐越远。

有句谚语是这样说的："20 岁时，我们在意别人对我们的看法；40 岁时，我们不理会别人对我们的看法；60 岁时，我们发现别人根本就没有在意我们。"其实，我们不必对"别人的认可"过于在意，更应该关注我们的工作和生活本身。

也许，追逐成功是人们的劣根性。我们总是热衷于追逐一个又一个目标。当翻过一个山头后，在不知不觉中，我们又看向了一个更高的山头，然后再次登越，永无止境。我们每天都有做不完的事，忙得就像一个旋转的陀螺，而快乐和安宁也随着旋转而消散了。

也许，不知从哪一天开始，我们已习惯了被别人称"精英"。为了不愧对这一殊荣，我们背起压力，更加努力，更加高要求，然后越陷越深。不断面对不可知、不稳定的外在环境，面对工作上的压力，面对敌人的挑战，有一天，我们发现，自己的内心变得千疮百孔，脆弱不堪。这时，想甩掉“精英”的标签已经为时晚矣。

看看别人，正用羡慕的眼光看着身为“精英”的我们，可是心里的压力，却无人述说。是跳出围城呢？还是留下来，令人左右为难。让我们看看真正的精英，是如何游刃有余地混迹于精英之中，来克服压力的：

艾丽莎是一家广告公司的创意总监，身居高位的她，看上去却像一位大学教授：白皙的鼻梁上架着一副红框眼镜，身着素雅的工作套裙，一头长发乌黑亮丽，成熟精干而不失活泼。

办公室墙上挂着几幅高雅的美术作品，整洁的办公桌上，只有一张她正在筹划的创意，看不到其他任何乱七八糟的东西。

当谈及如何解决工作中的压力、如何避免陷入“精英”围城时，她说：“压力每个人都有，就看你如何应对。有的人被成功带来的压力牵着鼻子走，结果步伐凌乱，越走越糟。我喜欢把工作弄得简单清爽些，当感到有压力时，就自我检查一番，清理掉那些负面情绪，让自己轻装上阵。有时，我会改变一下工作方式，以缓解压力。当感到疲劳时，就去买束花，或在墙上挂一个可爱的墙饰，让工作环境变得有情趣一些，这给我带来了活力。”

人们总是习惯把成功压力归咎给外部环境，认为压力是外在因素给予的，其实“发病源”正是在自己身上。一个真正懂得管理情绪的精英，不会轻易被压垮，他们精于工作，也擅长休憩。在现代科学上，“会休息”的意思，是指在尚未感到疲累前，就主动休息。这才是积极的、能提高工作效率的休息、减压方法，而不是“累了才休息”。

我们应该学会“忙里偷闲”，时常短期休憩一下。以下几点原则可以帮我们在紧张的工作之余短期有效地休息下，不防来试一试。

1.在重大活动或计划前，先抓紧时间休息一下。比如，如果要参加竞赛、演出，或者长途旅行，这之前先把身体调整到最佳状态。

2. 每天都要保证 8 小时的睡眠时间，每个周日放一个假，放下负担，轻松地玩一玩，为下一周的工作打下坚实的情绪基础。

3. 事先安排好一天的相关事宜，除了正常的工作、进餐和睡眠外，应具体规定一天的休息次数、时间和方式，且不可随意更改、取消。午睡不仅可以消除疲劳，还能延年益寿。

4. 把“工作间的休憩”当成头等大事，这短短的时间必须充分利用，比如可以站起来活动一下胳膊腿，以放松身心。

这些“见缝插针”式的休憩法，总令人感到意犹未尽。但在恢复情绪状态上，其效果却非常显著，远比把所有疲累堆积起来，再一次性释放强上很多。这就好像一根弹簧，如果经常性大力拉紧和突然放松，会使弹性减低，而持续的低频率的一松一紧才是最佳方法。

就像之前说的，很多情绪压力的产生，都是源于自己。所以，若想减轻压力，避免陷入“精英”围城，必须先从改变自己开始。

致力于研究心灵成长的台湾作家张德芬曾说，天底下，能引发情绪的只有三件事：自己的事、别人的事、老天的事。这三件事是这样解释的：

自己的事：今天是否上班、午饭吃什么、开不开心、生不生气、要不要恋爱结婚……这些都是我们能够自己的做主的事情。

别人的事：小 A 好管闲事、小 B 婚姻不美满、小 C 对我有意见、帮助别人不被感谢……诸如这些，都是自己控制不了，归别人主导的事。

老天的事：会不会下雨、天气是不是要降温、可不可能地震、什么时候打仗……诸如这些，都是人能力范围以外的事，属于只有“老天”才有资格管。

人的情绪、压力、烦恼便来自于：疏忽自己的事，爱管别人的事，担心老天的事。所以，一个人若想轻松自在，不陷入“精英”围城，除了自我减压，还要做到：协调好自己的事，不掺和别人的事，不操心老天的事。记住，我们的快乐，是为了自己，而非别人。

有句格言说：“日出东海落西山，愁也一天，喜也一天；遇事不钻牛角尖，人也舒坦，心也舒坦。”保持快乐情绪的方式其实就两个：第一，找到使你快乐的事物，增加它；第二，找到使我们不快乐的事物，减少它。如果做到了，我们便是快乐的精英。

6. 不发脾气，不代表脾气好

很多时候，一个脾气火爆、气生得快走得也快的人，反而比一个自我压抑、情绪飘忽不定的人更容易得到谅解。因为，别人能预估他的反应模式，能体会他“直率”的暴脾气，能知道他真正在想些什么。

不发脾气，就代表脾气好吗？不尽然。忍受，只是控制一时的情绪，一旦累积到一定程度，到达一个极限，爆发出来的情绪暴力将会异常可怕。所以，千万不要认为“不发脾气”是绝对的好事，是代表脾气好。实质上，我们并没有真的“接受”引发负面情绪的事件。

有时候，发发脾气并非什么坏事，这只是发泄情绪的一种方式。对自己宽容一点，适当地发个脾气，也是有益身心。何况忍成内伤，再统统一起爆发出来更会伤及无辜。偶尔，放纵一下自己，生气？那就发个脾气呗！

有一家公司请来一位情绪管理师，来做情绪训练。情绪管理师要求每位职员，在自己面前的白纸上画下一个“没有生命的东西”，来形容自己在别人眼中的形象。一会儿功夫，每个人的纸上都被描绘上了画像，画像五花八门，有的是山，有的是碟子，有的是复印机。职员们互相欣赏着彼此的画像，嘻嘻哈哈笑成一团。

但是，有一位叫鲍勃的职员的画，却让所有人都笑不出来，大家面面相觑，非常尴尬。鲍勃画的是：一大块非常诱人的心形蛋糕，上面还点着一根细长的蜡烛，看起来很温暖。

所有人都知道，鲍勃是整个公司里最不讨人喜欢的。他不善沟通，人缘很坏，总是一副“生人勿近”的表情。一些人甚至以为，他会画一块臭豆腐或者一副棺材呢。然而，鲍勃却画了那么一副和自身形象相差十万八千里的画像，这种认知上的偏差令所有人都哭笑不得。

为何鲍勃如此不了解自己在同事心中的样子呢？原因便在于：工作上，不管事情大小，他总是忍下来，吞进肚子里，因此他认为自己脾气很好。

可惜，事实却并没有如他的意。虽然，他忍气吞声，不曾发脾气。但是，从他的肢体语言上，他人却感受到了郁闷、烦躁的味道，他总是语调僵硬，神情阴霾。显然，所有人都心知肚明：他现在心情不好，很不耐烦，最好不要太过接近他。

在人际关系中，情绪传递未必要表现得非常具体，总是“直来直去”的。我们不乱发脾气，不代表他人可以体会到我们的善意。很多时候，一个脾气火爆、气生得快走得也快的人，反而比一个自我压抑、情绪飘忽不定的人更容易得到谅解。因为，别人能预估他的反应模式，能体谅他“直率”的暴脾气，能知道他真正在想些什么，不怕他有什么预谋。

有话不说、有问不提、有气便忍的人，自以为忍辱负重、君子之腹，却吃力不讨好。

很多人常常有这种情绪烦恼：“我觉得自己脾气很好，可是他人还是受不了。”

事实上，我们从小就被教育：要知书达理，不要泼妇骂街。忍一时，才能风平浪静。但是，就因为这样，我们缺失了情绪的出口，在不敢真切表达情绪的状况下，变成了窝囊的“闷气包”。于是，无意识中便用一些“曲折”的方式来发泄情绪：冷嘲热讽、闷不吭气、面如土灰、长吁短叹、重手重脚，或者用自虐性的话语虐人：“上辈子，我到底造了什么孽……”“我活着还干嘛，反正没人搭理……”这些，都会令人难以忍受。

相反，在情绪表达上“一鼓作气”的人，负面情绪会迅速消散，后遗症也比较轻微。而“拐弯抹角”发泄情绪的人，不仅殃及无辜，残余的火力还会变成散弹，四处流窜。

可见，不发脾气，绝不是代表脾气好。

乱发脾气，固然会损害人际关系。但是，只要是适时、适当、适度的发泄，那些小伤小害还是很容易弥补好的。发脾气，本身不存在对错，是一种正常现象。一个品质成熟的人，应该坦然面对自己的脾气，不要压抑情绪，否则只会害人害己。

通常，不发脾气的人，更容易生气。俗话说：“树老怕经风，人老怕生气。”德国古典哲学家康德也说：“生气，就是拿别人的错误来惩罚自己。”生气，绝对是人际关系上的天敌。

美国哈佛大学的一项研究结果指出，“折寿”的一大祸根便是——生闷气，它对身心造成的伤害，远远高于发脾气。科学研究称：那些不习惯宣泄，或者经常抑制怒火的人，容易降低心脏的免疫力，大脑激素也会受影响，所以，怒不形于色，无益于身心。

其实，生气、烦躁、愁闷这些负面情绪，就如同洪水，堵不如疏。

在印度，有一个叫古兰德的人。他脾气不好，动不动就生闷气。

有一天，一位替他看诊的医生开玩笑道：“古兰德先生，你不能再动怒了，不然你的肺真的快被气炸了……”

从此，古兰德有了一个很奇怪的举动。每次，当他和人发生争执，快要生气时，他就连忙奔回家，绕着自己家的房子，一圈一圈地跑，直到跑不动了，才气喘吁吁地坐在田间。说也奇怪，原本总是黑着一张脸的古兰德，气色竟然越来越红润了。

古兰德每天都非常勤劳地工作，起早贪黑。经过多年的努力，赚的钱越来越多，房子越变越大，土地也越扩越广。但是，不管他的房产和土地有多大，他仍是维持着那个奇怪的习惯：只要一跟人起争执，就立马绕着自己的房子，不停地跑圈，直到没力气为止。

为什么每次一生气，古兰德就做这么奇怪的事呢？对此，所有认识他的人都充满了疑问。但是不管别人怎么打探其中奥秘，古兰德始终守口如瓶。这样，大家就更好奇了。每次古兰德一跑，大家就叫起来："古兰德又开始跑啦！"

多年过去了，古兰德已经垂垂老矣，他的房产和土地早已是当地最大的了。

这一天，他又拄着拐杖，步履蹒跚地绕着房子，走了三圈。等到他走完了第三圈，太阳都下山了，古兰德坐在田间，稍作休憩。

他的孙子看见了，便跑过去蹲在古兰德身旁恳求道："爷爷，你都这么大年纪了。这里的土地就属您的最大，您不能再像以前那样，一生气就绕着房子跑了呀！您能不能告诉我，为什么你要这么做呢？"

古兰德叹了口气，终于把这多年来纠缠人们的秘密说了出来："年轻时，一旦发生争执，我就会把自己气个半死。这对我没有任何好处。然后，我就开始绕着房子跑圈，我边跑边告诉自己，我的房子那么小，土地那么窄，哪有闲工夫去跟别人生气呢？一这样想，那些气就全消了。于是，我把宝贵的时间都用来努力工作，而不是花在生气上。"

孙子问道："那么，您现在已经是最富有的人了，而且年纪也大了，为何还要跑圈呢？"

古兰德笑着说："因为到现在我还会动气，当我生气时，就开始走圈，边走边告诉自己，我的房子已经这么大了，土地又这么宽广，何必跟人斤斤计较呢？一这样想，我就知足了，气也就消了。"

我们可以发脾气，但不可以乱发脾气，也不可以生闷气。而是要学会自我调节，在动怒时，找到一个渠道，适当地发泄。一旦遇到问题和麻烦，应及时解决，把负面情绪扼杀在摇篮中。如此，才能培养真正的好脾气。

真正的好脾气是什么？不是不发脾气，不是逃避，不是"忍辱负重"，而是学会包容，懂得体谅，尽力让自己远离负面情绪，让自己的心态更加欢愉。

7. 揭开灰色心理的秘密

人生而为劳动，犹如鸟生而为飞翔。

“我真不知道该怎么办，医生，这些日子我特别特别的累，饱受煎熬，我不知道该怎么去面对我的工作！”一名外企白领正跟心理医生倾诉。

怎么回事呢？原来，他在一家知名外企从事产品销售工作，面对公司内部和外部的激烈竞争，不堪压力，经常失眠、心情烦躁。

尤其是最近这段时间，他负责去结算很多的账目，压力大，任务重，就怕在这个提升或炒鱿鱼的关头出点什么差错。

他每天过得都无比的艰难，根本提不起精神去做事，有时冒出的轻生念头让自己都吓了一大跳。

其实，不管你处于什么样的环境，你所面对的都是达尔文口中的原始森林——物竞天择，适者生存。当面临不如意时，却发现自己并不具备足够的解决能力，因而会产生一种强烈的“失落感”。这种失落感无疑会催生悲观、失望的情绪反应，让人丧失自信，甚至变得愤世嫉俗，这也就是人们常说的“灰色”心理。

许多职业人推崇一句名言：“工作着才是美丽的。”的确，努力工作不仅能让我们感觉到一种成就感和满足感，更能给我们的生活创造非常好的物质条件。

但是我们在职场中，不可能总是阳光明媚。我们经常听到这样的话：“太忙了，都累晕了！”“真想辞职，这不是人干的活！”“我老失眠，压力也太大了！”可见，不管是在职场还是日常生活中，竞争与快节奏无处不在，我们每个人都不得不承受着巨大的心理压力。

所以，在发现自己存在“灰色心理”症时，不要惊慌，更不要烦躁，只要学会改变心态，积极乐观地对待生活，你就可以挥手告别灰色，迎来五颜六色的人生。那么，怎么做才能彻底改变自己，摆脱倦怠感，重新找回身心的愉快呢？大家可以参考以下几点：

1. 调整心态，缓解压力

我们人人需要工作，需要为工作奋斗、拼搏，但要想成为工作的主人，不做工作的奴隶，就必须先从了解自己开始。

首先，你需要静下心来想想自己要什么？自己的特长是什么？自己的性格适合从事什么类型的工作？自己想从工作中得到什么？自己对工作的期望是多高？等等。在考虑的过程中，一定要尽量地扔掉那些不切实际的想法，用积极的心态来对待工作，不要总是想着工作会带来什么样的烦恼和压力。

其次，在工作中，我们一定要正确理解及运用“宽容与理解”这对法宝，改变争强好胜的好斗心态；同时，我们可以适当地运用那个吃“酸葡萄”的心理，善于解脱自己，任何事要看得开、放得下。

最后，我们面对压力时，不要过于自责，也不要过于纠结。因为，正是有了压力才会使我们的工作充满了刺激与干劲。只有自己在思想上有了正确认识，态度做一个大转变，相信那些压力会是成功的“特效药”。

2. 把大自然带进室内

心理专家说，人与大自然相结合的感觉可以减轻压力，比如静静地听雨水落在树叶上的声音，静静地望着鱼儿在水中游来游去的样子，这都能给人一种宁静祥和的心境。

所以，我们可以去买上几盆盆栽放在家中或办公室里养着，当然养上一缸金鱼也是不错的办法。这样，在忙碌之余，可以去弄弄花草，逗逗鱼儿，其乐融融。

3. 及时找朋友、亲人倾诉

当你感觉到心情悲观时，不要闷在心里，你要及时地把你的心理问题告诉你的家人或朋友，让关心你的亲友给你一个恳切的建议。通过他们的帮助，不但能确立更现实的目标，你还为你的悲观心情找到了一个出口，这对舒缓压力是非常必要的。

另外，在平时，你也可以跟长时间没有见面的朋友打一个电话，问候一下；或约上三五好友在一起聚聚，谈谈趣闻，聊聊近况。你会惊讶发现，聊天竟然有如此神奇的魔力，让坏情绪在不知不觉中消失不见了。

4. 多想想快乐的事

开始新一周的工作之前，我们不妨仔细地想想。在过去一周里，让你最快乐的事情有哪些？你可以制订新一周“快乐计划”，哪怕仅仅是买一件衣服、闲逛下书店，甚至在回家的路上买一串糖葫芦……反正是能让自己心情愉悦的事就行。

你可以每天实施一项计划，也可以隔天实施一项计划，逐渐将这些愉悦的事情付诸行动。生活塞得太满会让人窒息，所以繁忙的工作当中，也要抽出至少一天的时间来犒劳下自己。这天最好定在星期三，这个中间段会让你在工作中更有期待和动力。

5. 不能忽视锻炼和放松

运动，是身体最好的药。繁忙的工作生活中，我们需要适度的、有节奏的体育锻炼。每天运动 20 ~ 30 分钟，能换来舒畅和平稳的心情，长期坚持下去的话，还能够有效地降低焦虑。

另外，如果一味地埋头苦干，就很容易地缺乏热情。所以不如在适当的时候，去休个假，让自己好好放松一下。当然还可以培养一些爱好，比如游泳、做操、散步、听音乐等，这些方式也十分有效。

8. 有了郁闷你就喊

“野草不种年年有，烦恼无根日日生”，不管你有多么的郁闷，生活不会因此而改变什么。

在现实生活中，我们每个人都想要个丰富多彩的人生。可现代生活节奏的加快，我们肯定会有各种各样、大大小小的磕磕绊绊，难免有不顺心的时候，

比如事业受挫、工作难找、生活陷于困境、人际关系紧张等情况。

面临这些情况时，如果你的心理调节不当，那就很容易陷入情绪忧郁的一种恶性循环中。所谓的“恶性循环”，就是你一旦遭遇不顺心就会变得萎靡不振、心灰意冷，做什么都提不起劲头，而这样的状态又会导致更多的挫败和失落，让你更加郁闷。

我们在平时时不时地喊着：“郁闷啊郁闷！”关于这个郁闷，著名作家毕淑敏是这样描写的：“随着现代社会的发达，忧郁成了传染的通病。‘忧郁症’已经如同感冒病毒一般，在都市悄悄蔓延流行。忧郁像雾，难以形容。”

忧郁确实不痛不痒，让我们感觉不是病，但闷起来真是能要人命的。当一个人的心里酝酿出了郁闷，他的思维便会陷入一种游离状态，无法正常思考，就像孤零零一个人行走在漫无边际的沙漠，没有方向，找不到目的地。如果不能及时地排解，轻者患上抑郁症，重者最终很可能会招致自我毁灭。

现在它已然成了一种病症，成了困扰整个人类的“文明病”。难怪有医学报告指出，忧郁症在21世纪影响人类生活的疾病中，排名第二。

可见，在整个社会大环境的种种压力下，忧郁症这种由郁闷带来的现代病已经成为影响人类进步和发展的重要疾病，已经是一个值得我们重视的问题了。

有一则故事，说人应该将愉快的事情刻在石头上，这样愉快就会长久存在；把不愉快的事写在沙子上，这样不愉快就会随风而散。同样的道理，如果一个人遭遇了郁闷，不去想怎么让它“随风而散”，只是一味地把郁闷憋在心里，伤害的只有自己。

所以，我们不能小看了郁闷的破坏力。当我们感觉郁闷时，要认真对待、改善，以免其向深入发展。

以前，有位德山禅师。在得道之前，曾跟着龙潭大师学习。他日复一日地被要求诵经苦读，时间一久就不耐烦了。

一天，他跑来问师父：“师父，你不是觉得我就是你翼下正在孵化的一只小鸡吗？我天天在想师父什么时候能从外面能尽快地啄破蛋壳，让我早一天破壳而出呢？”

师父笑着说："那些凭借别人剥开蛋壳出生的小鸡，几乎都很快夭折了。你如果无法突破自我，结局就会跟这些小鸡一样，夭折而亡。所以，指望我帮助你'破壳'是没有用的。"

德山走出去时，看见外边太黑了，就说："师父，天已经黑了。"

龙潭大师拿出一支蜡烛，点燃后递给德山，德山刚接过去，龙潭大师就将蜡烛吹灭了，并对德山说："一旦你的心里变成一片黑暗，那么，多少蜡烛都无法给你光亮。就算我不把蜡烛吹灭，也可能偶然一阵风将它吹灭。而当你点燃一盏心灯，不管遭遇什么，你的天地都会一片光明！"

德山如醍醐灌顶，顿时豁然开朗，后来终于成了一代大师。

其实，道理都是一样的，我们内心的那盏"灯"也只有我们自己才能点亮。想要一个平静的心态，快乐的心情，就需要你喊出心中的郁闷，空一空心灵，给心情来个大扫除。

点亮一盏心灯，你会变得朝气蓬勃，笑着面对所有困苦和磨难以及一切琐碎事情。不论在工作中还是在学习中，你总会充满热情，充满活力。

郁闷只是一种情绪，只有自己才能帮自己调整，其他人谁都无法代劳。一旦你自己放弃了点亮心中的那盏灯，谁都无法救你出苦海。即便有人能暂时帮助你，迟早有一天，你心中的灯也会熄灭，你的世界也会回归一片黑暗。要想长久地保持愉悦，你只能掌握点灯的方法。具体办法有以下几种：

1. 喊叫疗法

喊叫疗法是国外正在逐步发展起来的一种新式心理疗法。它通过在急促、强烈、粗犷、无拘无束的喊叫中，想象着那些曾经发生过的不愉快的事，将内心的积郁发泄出来，从而取得精神状态和心理状态的平衡协调。通过这样的做法，起到一个舒展情绪的作用。

其实，我们也可以通过朗诵诗歌和文章达到同样的效果，唱歌也是一个不错的选择。

单位里有个小伙子平时很喜欢唱秦腔，有人觉得不可思议。大小伙子的不去唱流行港台歌曲，怎么偏偏就这么热爱秦腔艺术呢？于是就去问他，为啥有这么个爱好啊？小伙子红着脸说："上班的时候，领导冲我吼；在家的时候，老婆冲我吼。我觉得只有在秦腔里才轮上我冲别人吼。"

很多人平时喜欢听歌，也喜欢到 KTV 里扯上那么几嗓子，但你唱过那首叫"释放自己"的歌吗？建议大家平时多唱唱这首歌，不在乎声调有没有跑，不去管声量是大是小。只要你去喊，你去吼，那它就能让你理解心里释放的意义，帮你喊掉郁闷情绪。

2. 多运动

"生命在于运动"，经常适当地进行体育锻炼，参加一些有益的体育活动，对减少郁闷情绪也有很大帮助。空闲的时候，多做做活动，打打篮球，跑跑步，多锻炼下身体，可以让心情得到意想不到的放松。

同时，阳光中的紫外线也能在一定程度上改善你的心情，所以一定要多接触阳光，不仅能够帮助你减少忧郁，还能给你带来健康。

另外，开怀大笑也能简单有效地帮你发泄心中的郁闷。在遭遇磨难时，开怀大笑一番，并非没心没肺的表现。相反，它可以帮你调节心情，忘记悲痛和伤感。

心情明媚，身体棒棒，请问，这样的你还有郁闷吗？

9. 常给心灵排排毒

心灵是有病毒的，还会传播。如果我们不排毒，我们未来的目标就不能设立；我们前方的阻碍就不能跨越；我们的困难处境就无法坚持；我们的成功和喜悦就无法去品尝。

大部分的时间里，我们每个人总是在忙碌，总是在奔波。慢慢地，我们就"舍不得"停下了。然而我们的忙碌或多或少地偏离了我们内心真实的需要，忽视了我们心灵的真实感受。

于是，我们变得困惑、变得浮躁，我们压抑着郁闷的情绪。直到某一天自己像那个没有安全阀的锅炉，积郁的情绪终于到了无法承受的程度，就会“砰”的一声彻底爆发了。

你茫然失措地问：这是怎么了？这是来自于各方面的毒素侵蚀着你，让你的心灵有毒了。心灵也是有病毒的，还会传播。如果我们不排毒，我们未来的目标就不能设立；我们前方的阻碍就不能跨越；我们的困难处境就无法坚持；我们的成功和喜悦就无法品尝。

一个小和尚在禅房门口看到自己的师父端坐在太阳下大汗淋漓，泪流满面。小和尚大吃一惊，连忙跑上去，低声问道：“师父，发生什么事情了？你这是怎么回事？”

“什么事也没有发生，我只不过是在沐浴、洗涤而已。”师父心平气和地说。

小和尚觉得更困惑了，这是怎么回事啊，这算哪门子的沐浴啊！他出去走了几圈后还是不理解师父是什么意思，于是他又回来问师父：“师父，您别跟我开玩笑了。我是确确实实地没有看到你沐浴、洗涤啊？”

“傻孩子，你当然是看不到了，我这是在沐浴、洗涤自己的心灵啊！”师父静静地回答。

小和尚更是奇怪了，接着问：“好师父你也开导开导一下我吧，自己的心灵怎样去沐浴和洗涤呢？”

师父告诉他：“首先，你先去点燃一颗感恩戴德的心，然后在自己的心底煮开半腔热水，再加进仁义、孝悌、反思、忏悔等心结，就可以给心灵沐浴了。”

我们洗完澡后，干干净净的身体让人感觉很清爽；同样的我们给心灵洗澡，排排毒，心旷神怡的感觉也很舒服！当你的心不堪重负时，为什么不去排排毒，给自己一个让灵魂喘气的机会呢？只有学会给心灵排排毒，才能清空烦恼，自己才能活得更轻松、自在和洒脱。

蔬菜、水果可能会排出身体的毒素，但却不能排出心灵的毒素。我们给心灵排排毒，就是要给心灵掸掸灰，洗洗澡，清清空，放放松，给心灵做上一个彻彻底底的SPA。心灵排毒方法有以下几种：

1. 静心修炼

拿破仑，一个既骄傲又自大的男人拥有普通人所追求的一切：荣耀、权力、财富。可是，他却对圣海莲娜说："我一生中从未有过一天快乐的日子。"

海伦·凯勒，一个又瞎又聋又哑的女子却表示："我发现生命是如此美好。"

由此可见，内心的平静和我们生活中的种种快乐的秘密是：不在于我们身在何方，拥有什么，或者我们是什么人，而在于我们的心境如何。

当我们不再在利害得失中穿梭，不再囿于浮华的宠辱时，我们不会迷失自己，更不会丧失一颗平静的心。

把平静的心态融入生命中，来面对眼前的一切，我们才能抛开杂念，明心见性，看穿功名利禄，看透胜负成败，看破毁誉得失，才能明白生命的真谛。更重要的是，这时的你或许已经懂了"一览众山小"的豁达，"采菊东篱下"的闲适，"坐看云卷云舒"的悠然自得。

2. 学会放下"包袱"

一天，背着一个沉重包裹的年轻人千里迢迢跑来找无际大师。他说："大师，我疲惫极了，你看我的鞋子破了，双脚也被荆棘割破，手因受伤而血流不止，长久的呼喊让嗓子变得暗哑，一路上我还要忍受孤独，痛苦和寂寞。即使这样，我为什么还没有找到心中的阳光？"

大师听后问："你先给我说说你这个大包裹里都装的是什么啊？"

青年说："这里面全是我的宝贝，靠着它我才走到了这里。你看，这是我跌倒时的痛苦，这是我受伤后的哭泣，这是我孤独时的烦恼……"

听完后，无际大师心里就明白了，也知道该怎么去开导这个年轻人了。于是，他带着年轻人坐船过了河。一上岸，大师说："孩子，把船扛上吧！"

年轻人非常惊讶：“大师，你是在开玩笑吗？那么沉的船，我怎么扛得动？”

“没错，我知道你扛不动它。”大师淡淡地笑了笑，“你也知道，过河时，船是很有用的。可是一旦我们过了河，船就没有用了，若是再带着它前行，只会增加自己的负担，所以我们不得不将其放下。痛苦、眼泪、孤独、灾难也一样。它们能让我们的精神得到升华，在某段时间里对我们是有用的，甚至是弥足珍贵的。但是，如果始终背负着它们前行，不肯放手，它们就成了人生的包袱。孩子，生命不能承受太多负重。放下它吧！”

年轻人觉得大师的话非常有道理，于是放下自己的包袱，继续赶路。他惊奇地发现，自己的脚步变得轻松而愉悦，比以前快多了。他这才知道，原来，生命不必如此沉重。

3. 冥想

冥想本是宗教中一种修心养性的行为，是一种能让我们身心归零的修炼途径。现在，这种方法被更广泛地运用到许多身心灵修炼的方法当中。简单地说，它是让你在意识上停止一切对外活动，达到“忘我境界”的一种心灵自律行为。

我们可以坚持每天抽出 10 ~ 30 分钟来冥想，这样可以让我们的身心归零。得到充分成长和调整的心灵，会出现很多意想不到的变化，会化解很多的烦恼、消极、压力，从而体验到更多喜悦、快乐和从容。

冥想有很多的方法，如瑜伽冥想、坐禅冥想、芳香冥想、音乐冥想等等，大家可以根据自己的身体状况、时间和喜好来选择。

4. 多出去走走

许多的负面情绪不是完全能排出去的，这就需要我们积极行动起来，建一道有效的屏障，完全隔断负面情绪。所以，在不顺心、不开心的时候，女性朋友们可以把自己精心打扮一番，或去商场购物，或找个安静的咖啡馆喝咖啡，或带心爱狗狗去公园遛弯，或独自参观艺术展等等；男性朋友们还可以去健身房运动运动，或去唱唱歌，或去爬爬山……

只要花上一段时间离开家，出去看看，走走转转，烦恼的情绪很容易被排解。

10. 撕掉过去的标签，迎接美好未来

你有没有过这样的经历：有个至关重要的任务，或者一次锻炼的出差机会，你心里是非常想去的，但是最终以“我不善于言谈”、“我太粗心”、“我资历过浅”，放弃了这次机会，不战而败。

古时候，有一个人养了一群猴子，他想训练它们扛篓子。于是，他又买了许多装果子用的篓子，把猴子们关在一间空房子里，教猴子们学习扛篓子。等猴子学会扛篓子以后，他又买了许多果子，开始教猴子装篓子。一旦有猴子偷偷吃上一口果子，或者碰伤了果子，他马上用皮鞭抽打那只猴子。

没多久，这些猴子被整治得服服贴贴、说一不二了，此时，他把猴子放到山里去给他采果子。

这些猴子都很听话，每天早晨出门、傍晚回来，给主人带回许多鲜美的果子。主人自然很开心，每次把这些果子拿到集市上去卖，都能卖得一个好价钱。

然而，这个主人实在一毛不拔，不管猴子给他采了多少果子，每天都只给每只猴子一只果子。猴子们辛辛苦苦工作一天，这么一个小果子，怎么能填饱肚子呢？它们饿得吱吱乱叫，但不管他们怎么喊叫，主人就是不肯增加分量，甚至还拿皮鞭抽打他们。

猴子们对此感到很愤怒，但是却只能默默忍受着，因为它们很清楚皮鞭的味道。

这天，猴子们像平时一样到山上去采果子，虽然肚子饿得咕咕叫，但是没有一只猴子敢把采下的果子放进嘴里，只是机械地往篓子里装。它们饿极了，

看着果子眼馋的直流口水，但因为主人教导过“不准随意吃果实”，它们没有人胆敢偷吃。

这时，一只野生老猴子正巧路过看到了猴子们的模样，忍不住哈哈大笑：“这些都是野生野长的果子，你们在怕什么？放心大胆地吃吧！”

但猴子们说：“我们过去一吃果子，主人就鞭打我们。这些果子不能吃。”

野猴说：“那是以前，有不能吃果子的原因，但现在，漫山都是果子，只要你们想吃，就能吃到。”

猴子们互相看看，也七嘴八舌地吱哇起来，终于在野猴子的鼓励下，猴子们一个个“嗤溜、嗤溜”地爬上高高的大树上，捡最红最大的果子吃起来，一会儿就吃了个肚儿圆。

有时候，我们就像那个明明有能力吃果子的猴子，但由于这样那样的原因，给自己标签上了“我不能”“我不可以”“不准”等等的原因，从而失去了吃到成功之果的可能。

古人说，一朝被蛇咬，十年怕井绳。有些人，在过去，由于年轻或者其他原因，一时失意，从此，或感叹、或纠结、或遗憾、或怨恨，过去成了他心中挥之不去的影子。一次舞台走秀落选了，就认为自己不如别人；一场演出遭遇冷场，就再也没有推广自己的信心。

很显然，用过去的经历来给自己贴上一个永远的标签，危害是很大的。这样，只能使自己畏缩不前，不思进取。

我们总是由于过去的失败，而看不到经过时间的洗礼不断进步的自己，于是自己在面对与过去一样的问题时，就开始退缩。

这样的思维，追根究底是出于我们对失败的恐惧。于是，当我们失败时就很容易给自己打上“不行”的标签。

俗话说：失败乃成功之母。人非圣贤，孰能无过。关键是我们要从失败中吸取经验教训，让自己成长，终有一天会收获成功之果。

消极的标签一旦贴上去以后，就会成为前进的障碍，贴得越多，前进的障

碍也就越多，最后甚至举步维艰。比如有人常常说“我做不好”，贴了这个标签后，就会认为自己天生就是做不好一件事，然后可以不努力去做那些令自己头疼的、厌烦的工作。

而事实上，一年前，两年前，你确实因为经验少、资历浅做不好。但凭借现在的自己，重新尝试一下，你还会做不好吗？我们面对一个难题，我们说无法去战胜它，或许不是因为真的克服不了，而是害怕为解决难题付出太多的努力，因此用“自我标签”来掩饰、推脱。这样下去，周而复始，便形成了一个恶性循环。当我们换个自我认定，很可能就此超过了过去贴在身上的标签，这样，我们就会发现一个完全不同的我。

我们可能始终都无法忘怀过去的惨痛遭遇，但人生总得学会毅然决然地放手，否则怎么算得上是对自己负责？时间是一味良药，日子一天天过去，一切伤痛也都会变得不再那么刻骨铭心。调整好你的心态，去迎接阳光灿烂的明天吧。毕竟青春有限，生命短暂，你实在没有太多时间去等待去痛苦去自怨自艾，只要以一颗平常心面对一切，宠辱不惊，你将会有更多的精力面对未来。

如果我们不努力挖掘自己的潜力，只是想当然地按照过去的标签前进，那无异于自己否定了自己。撕掉过去的标签，重新认识自己，过去不代表现在，不代表将来，生活中很多时候，是必须看清自己处在什么位置。

人类没有因为自己没长翅膀儿而不能飞行，所以，人类不但能够飞行，而且还飞到了月球，甚至更远的火星；哥伦布没有因为恒古不变的“天圆地方”而停止探索，从而我们清楚了地球是圆的……人若没法撕掉固有的标签，便不会有发展，也不能活得精彩。

撕开过去的标签，去憧憬、追求美好的未来是人的天性，也是人类生存和社会进步的动力。只有始终对未来充满美好的憧憬，我们才能够振奋精神，不断进取。不管命运如何坎坷，现实多么残酷，只要敢于憧憬未来、追求未来，敢于相信困难即将被克服，曙光就在前方，我们就能够泰然处之。

不要因为别人对你的认定，而必须按照别人给你设定的标签生活，当年的周杰伦曾是一个被娱乐界认定永远不会在音乐节取得成就的音乐青年；不要因为一次被骗，就给所有人都戴上“狡猾”的帽子，要给观念彻底的松绑，以全新的眼光看待周围的的事物。重新审视自己，给自己一个全新的定位，从哪里跌倒，就哪里爬起来，重新开始。

不要拿过去的过失、缺点困住自己。我们对过去不能执着，要学会摒弃。当事情发生后，我们能做的只有把握当下和将来；而对于过去，我们能做的也只是让它过去，沉淀成自己人生的历练，为自己将来的成功奠定基础。

如果我们不想让过去的阴影变成自己永久的标签，那我们需要做的是：

1. 正视自己的梦想，相信自己能做到。

2. 制订明确的工作奋斗目标和计划；面对问题，要对自己说“我可以”、“我能行”。

3. 请朋友、同事监督自己，互相激励，有针对性地消除、撕掉一个又一个的“固定标签”。

4. 敢于竞争，在竞争中看到自己的长处，也认识到自己的不足。

5. 永远记得，没有什么是一成不变的。强的不会永远强，弱也不会永远弱。

或许，曾经我们寻觅的风景总是山重水复，迟迟不见柳暗花明；或许，曾经我们坚持的信念早被世俗红尘缠绕，无法自由翱翔；或许，曾经我们高贵的灵魂始终找不到可以安放的净土，只能在现实中兜兜转转；或许，曾经我们的人生旅途布满荆棘，前方一片迷茫。

但即便曾经我们在黑暗中长久地摸索过，也迟早会寻到光明，那些也都会成为过去。未来什么样谁都无法把握，既然这样，我们何不像勇士一样说一句：“让过去的过去吧，让未来的到来吧！”

小测试

看看你的情绪紧张度

问题：

看下面的问题，然后根据自己的实际情况来回答“是”与“否”。

1. 在进行一些轻度运动后，会出现胸闷气急、心跳加快。
2. 去上学或工作时，总是一副懒洋洋的样子，说话也有气无力。
3. 与人说话时，言辞激烈。
4. 在食欲不振时，宁可忍饥挨饿，也不吃东西。
5. 休息日时，整天玩纸牌，消遣度日。
6. 邻居家传来的噪声，会让自己焦虑发慌，心悸出汗。
7. 对于过去的一些事，总会有负疚感。
8. 经常会感觉喉咙里有什么堵着，气不够用。
9. 当自己处于拥挤的环境时，容易思维杂乱、行为失序。
10. 当自己遇到不高兴的事，就会抑郁寡欢，沉默少言。
11. 脾气暴躁，不合群。
12. 处理事情时主观性过强。
13. 平时很容易感到疲劳，周身乏力。
14. 常会嫉妒别人的成功。
15. 很容易与别人发生争吵。
16. 时常会后悔自己做的一些愚蠢的事情，但到时就控制不住自己。
17. 在熟悉的人面前，只要稍不如意，就会任性发怒。
18. 对于突发性事件，会格外焦虑紧张。

答案分析：

如果有 7 题回答为“是”，表明你情绪为轻度紧张。

如果有 14 题回答为“是”，表明你情绪为中度紧张。

如果 18 题回答全部是“是”，表明你有典型的容易紧张的症状。

第 6 章

活出快乐，实现自己想要的人生

1. 别与他人过不去

有人说，生气是拿别人的错误惩罚自己。宽容别人是获得心里平安和身体健康的关键所在。如果你想要健康和幸福，你就必须原谅每一个伤害过你的人。

我们是否还记得2004年那个让人悲悯又愤慨的大男孩——马加爵。

一个全国奥林匹克物理竞赛的二等奖、获得省三好的学生，云南大学生化学院生物技术专业2000级、即将面对毕业或者继续升研的男孩，因为他人的嘲笑而气火攻心，做了不归途的事，最终被执行死刑。

纵观其事，马加爵本来应该是社会人才，并且是一个不可多得的孝子，他在死前的信中写道："读大学几年我没向家里要一分钱，我总希望父母不要为我操劳……高考的成绩超过我们广西省当年重点线50多分，完全可以上名牌大学如武汉大学、哈工大之类，可是我考虑到那边离家远，费用更大……"

我们惋惜，惋惜中，也在反思，马加爵的悲剧到底是谁造成的?

是贫穷吗?

有这部分原因，但不是全部。很多留名千古的伟人，生于贫穷，却在贫穷中如几经风雪的青松般历练成长，笑迎历史的春天。归根究底，是马加爵没有一个自我爱护的意识。懂得珍重自我生命的人才懂得珍重别人的生命，人如果不好好爱自己，是无法去爱这个社会的。而人生在世，人们之间有这样或那样的矛盾是免不了的，就算家人再亲密、朋友之间感情再深厚也难免出现纠葛，

如果你是个爱生气的人，喜欢斤斤计较，那只会每天都活得很累。

有这么一段智慧的问答：有人轻我、骗我、谤我、欺我、笑我、妒我、辱我、害我，何以处之？答曰：唯有敬他、容他、让他、耐他、随他、避他、不理他，再过几时看他……

是的，日久见人心，一个对你不真心诚意的人，不可能对待别人就会巴心巴肺，所以说，聪慧的人都是会宽容别人的，因为宽容别人的同时，其实是在帮助自己。

女人小时候家里穷，母亲把她送给了别人，她知道了这件事后，心里恨父母抛弃自己太狠心，为何两个孩子单单抛弃她？这恨让她拒绝和母亲相见，甚至母亲为她织的毛衣也放入箱底从未穿过。她一生都沉浸在怨恨里无法自拔，就算结婚已为人母，也无法原谅母亲。直至母亲去世，她在母亲织的毛衣中发现了纸条，母亲说，留在家里的孩子是捡来的，那时候实在养活不了两个孩子，当时那捡来的孩子病得不成样子，年龄又实在太小，所以没人要那个孩子，才不得不把亲生女儿送出去。女人看到这纸条后非常震惊，泪水不断——原来她是母亲唯一的女儿，而她直到生母死去也没有原谅自己的母亲。女人带着后悔、懊恼、怨恨度过余生。倘若她能重新选择，能给她一次机会宽容母亲，或许她一生也不会沉浸在痛苦中无法自拔。

有人说，世上本无事，庸人自扰之。当代医学证明，许多疾病的成因，都是因为责备、懊悔、愤恨、敌意等不良情绪引发的，如关节炎、心血管疾病等等，这些人或是受到过伤害，或是虐待，或是欺骗等，而治愈的方法只有一种——宽容或原谅！那些对我们耿耿于怀的坏事、不好的人，他们就是我们生活的全部吗？当漫山花开灿烂时，为何要把眼睛死死盯在几只小小的苍蝇上面呢？

快乐的钥匙其实每个人都有一把，但还是有很多人不能控制自己的情绪，就是因为他们不善于利用这把钥匙。人们要学会想得开放得下，不拿别人的错误来惩罚自己，也不拿自己的错误来责难他人。

对任何不满意的事情都耿耿于怀，只会让自己衰老得更快，也不会使自己变得越来越有修养。当然，也不会因此而感到快乐。每个人都应学会善待自己，因为在这个多变的世界里，没有一个人会像你对待自己那样好。

什么叫善待自己?

有很多有权势的人会不择手段地追逐金钱，并且利用权势沉溺于女色之中，他们喜欢这种纸醉金迷的生活，但终因身陷囹圄而后悔不已。试问："这种拼命追求生理满足、感官刺激，过度放纵自己的奢靡生活真的有意义吗？"

当然不是，善待和放纵不是同胞兄妹。事实上，每个人身上不仅有一个现实存在的自我，还有一个内在的精神性的自我。人们所谓的成长也不仅是外表的长大，而精神性的自我更需要充足的营养供给，才能越来越成熟。

善待自己，不会纯粹是为活着而活着，为快乐而快乐。能够做自己最好的朋友，你就必须比那个外在的自己站得更高，看得更远，关键是要确立正确的世界观、人生观和价值观。从而能够从人生的全景出发给自己以提醒、鼓励和指导。有什么样的世界观、人生观和价值观，就会有什么样的"善待自己"。

每个人都需要一个健康自足的精神世界，就像是主宰一个属于自己的精神宇宙，只有这样，才能够在情绪不好的时候依旧做到自我认知，并且在梦想坚定的世界里不迷失。

人活一次不容易，谁都无法保证有没有来生，在有限的生命中我们一定要学会善待自己，做自己最好的朋友。而真正正确的善待自己是这样做的：

1. 遇到事情不要钻牛角尖，而是要换个角度去思考问题，进行侧面的、多角度的分析；

2. 学会换位思考，学会豁达，拥有一颗平常心，懂得"不以物喜，不以己悲"；

3. 世界很精彩但也很多变的。人们在看待世界时需要保持一颗平常心，这样就能够领悟到更深的意境，体会不一样的风景。

"尽人事，听天命"并不是消极的生活态度，在日常生活中，人们都应该懂得，只要在处事时做到尽心尽力，那么不管结果是怎样的，都能够问心无愧。

长时间这样就能领悟到，个人的小情感在广袤的宇宙中不过是沧海一粟，根本不算什么。

人的一生中每一天都是十分特别的，因为每天都能够体会到不同，生活中的美好点滴需要有心去捕捉，在心灵的花园里，最好种下很多的快乐种子，那么就能收获到真正的幸福。对每个人来说，最美好的事情不过是和喜欢的人在一起，做喜欢的事情。如果做不到这点，那么幸福就是为了这个目标而努力。

人要懂得敞开心灵，在空虚孤寂的时候、在劳累困乏的时候，可以听一听散发快乐气息的歌曲，或是阅读妙趣横生的书籍、喝一杯浓香四溢的茶等等，那么，烦恼就会很快远逝，而疲倦也会逐渐顿消。在灿烂的阳光下，你才能更有勇气去面对一切，请昂起头来笑对人生，让人生拥有更多的美丽风景吧。

2. “枪毙”心里的苦痛

时光流逝飞快，一天天转眼即逝，怎样才能让生活变得更有意义，活的更加绚丽幸福，是每个人都想做到的。然而，那些让人羡慕的光彩就在于自己的选择，你是选择幸福还是选择苦痛？

有一个农人走在乡间的路上，一路上总有一只蛇一直咬着他的脚，继续走着，这个农人的脚就被咬得流血了。可奇怪的是农夫举步艰辛地继续向前走，却一点都没有赶它的意思。而后，这位农夫遇到了一名绅士，这绅士惊讶地问：“你的脚都流血了，你怎么不把蛇赶走呢？”

农夫说：“没办法！我挥也挥不走，只好任由它了。”

绅士问：“那你为什么不一枪毙了它呢？”

农夫高兴地问：“真的可以吗？你能帮我这个忙呢？”

绅士说：“没问题，我把枪给你。”

农夫接了枪，犹豫不决，但绅士的鼓励让他对准了蛇一击而毙，从此再也没有被蛇咬的烦恼了。

其实蛇指的就是我们自己的痛苦，常常我们都沉溺在我们自己的痛苦中。其实，如果你愿意你是有这个能力去解决你的痛苦的。但很多人不愿意去碰触，或者说，有些原因让他无法去忘怀这个痛苦。

1800年，我们熟知的音乐家贝多芬得知自己耳聋了，伟大的音乐家就这样在毫无预兆的情况下失去了听力。这对一个视音乐如命的人来说实在是太可怕了。不幸的脚步并未停止，贝多芬爱慕的贵族少女又同别人结婚，绝望中的贝多芬甚至写下遗书……

可最后，他依然坚强地从阴暗中走出来了，并且在这种情况下创作出了非常明朗、乐观的“生命”交响曲——《第二交响曲》。然而，这还并不是最后的乐章。在此之后，贝多芬的笔下依旧出现源源不断的绝世乐章：如《第三交响曲》、《第五交响曲》、《第六交响曲》等，即使听不到声音，但贝多芬心灵里的音符一直在跳动着……

直至1823年，贝多芬完成了最后一部巨作《第九交响曲》。

所以说世上并没有真正的绝望，有的只是绝望的心态而已。打倒你的往往不是苦痛，而是你面对苦痛时所抱的态度。不要让你的心态使你成为一个失败者。如果你想成功，那么，就要保持一个积极的心态，如果你改变不了现实，那么你就必须接受现实。

好的心态有助于事业成功，但情绪不佳时克服困难的能力往往会顿减或丧失。因此，设法保持好的心态便是关键所在。请记住，抱有积极心态的人往往在今后能够取得成功。因为在积极心态下所付出的努力最有含金量。

保持良好的心态，“枪毙”心中的苦痛，做到以下几点：

1.将自认为的一生中最有价值的事情罗列出来，然后专心去做。遇到苦痛的事尽量往淡然处想。面对一些无法改变的事，不要总想着如何再让它变为虚无，要坦然去接受，地球不会围着一个人转，事物不会因你而改变。人们需要

学会适应这个世界。这也是“物竞天择，适者生存”的道理。

2.生活要简单而有情趣。学会让自己安静，把思维沉浸下来，把自我经常归零，不要总是对现在的生活不满，不要总是和别人去攀比。每天都是新的起点，降低你对事物的欲望，拥有属于自己的精彩。心情烦躁时喝一杯绿茶，放一曲舒缓的轻音乐，闭眼梳理那些错乱的情绪，既是一种休息，也是一种冷静的前进思考。

3.不要过于追求完美，知足者常乐。不管是什么样的逆境，还是什么样的痛苦，它的存在都是有意义的。那些没有看到意义的人需要花时间去找出它们的意义，训练自己在每一次挫折中都能发现与挫折等值的积极一面。人生不如意，十之八九。人一辈子会碰上许许多多的苦痛，这是我们无法避免的。痛苦对我们来说，是一个双刃剑，可以让人颓废也可以激发人的斗志。苦痛磨炼了人的意志，让坚强的人们更加坚强。

4.学会关爱自己，并宽容别人。俗话说：“金无足赤，人无完人。”任何人都会有缺点，在处理事情时出现不足之处，在看待他人时出现偏见态度等，总之不能先看到美好的一面。所以，在做事情之前，倘若你觉得这个人值得你去忍让、付出的话，那么你就应该拿出最大的耐心。相反，如果你总是将事情往最坏的地方想，并且眼睛里没有任何一个“好人”的话，这种只看事情丑恶面的做法会使你永远得不到快乐，要想得到好心情也只会是奢望而已。

5.接受、理解各种事情，了解了事情的本质后才能正确处理事情，做事情不能凭个人好恶去左右自己，这样只能把简单的事情做复杂了。而针对简单的事情则需要你认真去做、反复去做，直到做到最好。

我们身边总是有一些人在遇到一些事情的时候，不管事情是大是小，都急得像热锅上的蚂蚁，这样一来，其实很好处理的小问题就会被无限夸大成“大事”，这时情绪也必然不好，这种自己制造的难题实在没有必要。其实，如果能够把握好事情的重点，将任何一个细节都处理得当并有条不紊，就能游刃有余。若真是遇到了棘手的事情，不妨先让自己冷静下来，将事情想好后再去做。

记住，不论在什么样的条件下自己都不能小看自己，即使全世界对你不信任，你也要成为那个最相信自己的人。

6.广泛阅读，拓宽兴趣。读书其实就是一个获取“知识养料”的宝贵过程，如今竞争非常激烈，人际关系也异常复杂，想要让自己更好地与他人交往，不在一些场合做一些尴尬的事情，那么需要拥有丰富的文化底蕴，进行广泛的阅读。

阅读也是一种“洗脑”，书籍涉猎广泛可以让自己的头脑变得充实，如果身上背负的压力巨大，也可以用读书来缓解压力。此外，一些其他的兴趣爱好也能够帮助你保持良好的心理状态。兴趣越多，在这个社会中的适应力就越强。

就拿那些已经退休的人来说，很多老人天天无所事事，想问题爱钻牛角尖，时间长了就会觉得自己没有用，甚至有被遗弃的失落感。然而，有些老年人虽然没了工作，但生活依旧充实，他们经常利用闲暇的时间来看书、绘画、写字、创作、舞剑、弹琴、钓鱼、养鸟、种花草等。

7.微笑生活。微笑待人，微笑待己。每天的阳光都是新鲜的，每天你都可以使自己成为一个崭新的人：带着微笑起床，带着微笑出门；见到亲朋好友、四方邻里时要微笑示人。在工作中即使很繁忙，也要尽量保持微笑。日常生活中，随时保持一个好心态，不能经常愁眉不展。

拥有良好心态，学会在绝望中摆脱苦痛，把挫折看成一种历练，在面对失败或挫折时所抱的态度应该是从中吸取经验，继续努力。有人说：“在苦痛中抓住欢乐，在压力下改变心态，在失败中找到希望。态度决定成败，生命可以价值极高，也可以一无是处。”

有人说，活着就一定会有苦痛。是的，活着就避免不了苦痛，但我们不能时时刻刻沉浸在苦痛中不能自拔。事实上，如果你不给自己苦痛，别人也永远不可能给你苦痛。

3. 小心情绪也“中暑”

俗话说：“心静自然凉”。平时少想一些烦心的事，多回忆那些能够让人会心一笑的愉快事，与人交往时懂得保持幽默愉快的心情，那么，心中的阴霾只会随着时间的流逝而变得越来越淡。

人的情绪和外界环境的好坏有直接联系，如果遇到连续的高温、闷热天气，或是异常寒冷阴郁的天气，那么人们的情绪就会因为受到影响而发生大变化。

一般来说，低温环境能够帮助人们的精神稳定。而盛夏酷暑则会让人们烦躁不安、睡眠的时间也会缩短，同时伴随着食欲差的现象。倘若你还是个爱出汗的人，体内的磷、钠、钙、镁、铁、钾、锌等电解质代谢便会发生紊乱，因而影响到大脑神经系统的功能活动，使心理上产生一些如烦躁、思维紊乱、爱发脾气、心境低落等负面情绪。

如在持续高温下，如果你被上司要求加班很久，那么你一定会变得非常压抑、烦躁、抓狂甚至是愤怒，而情绪到这个阶段就是“情绪中暑”了。

夏季酷暑来临，某地高速客运中心对面的工地上，一名男子坐在一座20米高的塔吊上要自杀，现场围满了群众，工地也被迫停止施工。

当地公安、消防以及120等部门迅速赶到现场处理。经过一番询问后得知，该男子在外地打工的时候认识一名女网友，并在相约地点见面，但当男孩千里迢迢来到此地后女孩却避而不见，手机也关机。所以这个男子在气愤之下爬到了汽车站对面的一处工地上，他站在一个高处说，如果他的女网友不来就跳下去。

类似的事件近期几乎每天都有发生。来自全国各地消防部门的统计称，7月份各个地方发生消防出警救援的自杀事件多达几十起，其中大多发生在高温炎热的后几天，过了 8 月后自杀事件骤减。

类似这种因日常琐事而引起的恶劣的斗殴、争执以及家庭纠纷的案件越来越多，这从公安 110 日益频繁的出警数就能看出来。

一项最新的网上调查显示：现在很多职场人士的情绪都处于“中暑”状态，但自己全然不知，只有 2% 的受访者表示即使是在炎夏也不会出现烦躁等坏情绪。那该如何缓解工作中的烦躁情绪呢？

有 35% 的人喜欢在下班时或在假期时找一些能够排解情绪的方法；有 53% 的人本着尽快完成工作，然后就能感到轻松的心态去工作；还有 3% 的人认为不管用什么方法都无法缓解因为天气炎热而感到的烦躁情绪。

显然，情绪中暑是可怕的。一些办公室“白领”，长期呆在密闭的空气不流通的空调房间里，内外温差大，加之常常加班，导致生活、饮食不规律，都会造成情绪中暑。

引发“情绪中暑”的原因有很多，说到底是人体对环境的适应性很差的原因。其中，以下 5 类人更容易发生“情绪中暑”。

1. 患有糖尿病、哮喘、高血压、厌食症等疾病的病人，在天气炎热时很容易导致些患者旧病复发，从而产生情绪烦躁。“情绪中暑”还能衍生出一些本身带有的疾病以外的病，如心律失常。

2. 心理承受力脆弱并且情绪波动大的人。这个季节他们常会有一些异常表现，上班提不起精神，易激动；情绪消沉，没有办法安静地思考，如果不小心将热水瓶打翻并且引发烫伤等意外，那么肝火就会随着气温往上升。

3. 长期有压力的办公室“白领”们，再加上常常加班、饮食不规律，每天面临着还房贷、职场竞争等压力。在炎炎夏日里，即使是一件非常不起眼的小事都能把这些人积攒很久的负面情绪点燃起来。

4. 争强好胜、个性又十分鲜明的人，更加容易在闷热天气里与他人发生摩擦，他们通常会因为小事而不依不饶，非要分出个“高低”来。

5. 内向、不善于与人沟通的人。这样的人一遇到麻烦事就会不耐烦，将不

良情绪尽量展现出来，不懂得自我调节，也不喜欢找朋友倾诉。尤其是在让人烦躁不安的“桑拿天”里，出现情绪失控也是情理之中的事情。

那么，怎么做才能让心情平静些呢？

1. 休息时间充足。睡眠对任何人来说都非常重要。夏日里，白天长，夜却很短，所以人们在夏天的睡眠时间要比其他季节少。而对上班族来说，夏日的工作依旧繁忙，那么休息就显得异常重要了。在平时，一定要注意少熬夜，摒弃不利于身体健康的夜生活。午饭后，最好趴在桌子上小憩一下。

2. 偶尔偷个小懒放松一下。事情往往不会按照你的意志而变化。倘若没办法改变，那不如暂时将望尘莫及的高要求放一放。夏季的工作效率普遍下降，这是事实。与其纠结于夏天的不好状态，不如将希望转移在夏天过后再进行。

3. 遇到不顺心的事多做深呼吸，让自己冷静下来，让它随来随去，不去执着地想它，也不期待未出现的念头的到来，慢慢地你就会进入一种平静而舒适的状态。观察自己头脑中正在出现的念头，找到适合自己的放松训练的方法，坚持练习。

4. 学会情绪转移，找到正确的情绪宣泄方法。当心情因为受到外界干扰而不好时，可以用离开“不良情绪所在地”的方式来缓解，如去别的地方散步或是做一些运动；或是换个地方冷静下来思考；还可以写日记记录不好的心情等。将问题搁置一段时间后再处理。一定找到适合自己的正确的情绪宣泄方法，不要为自己的不良情绪找错出口。

5. 从饮食上调节，多吃一些蔬菜、水果和坚果如西瓜、黄瓜、丝瓜、冬瓜、苦瓜、绿色食品和西红柿等具有解暑清热功能的食物，有助于减少情绪烦躁。并吃好三餐，饮食要清淡，少吃辛辣食物，适当减少动物性食品的摄入。

6. 视觉转移。经过研究发现，爱烦躁、情绪不稳时，最好找一些绿色、蓝色这种冷色系的东西观看，这样能够很好的帮助自己平稳心情。

7. 音乐疗法，听一些曲调轻松、安静优雅的轻音乐，让自己心态平和下来。

白居易曾赞道“人人避暑走如狂，独有禅师不出房；非是禅房无热到，为人心静身即凉。”

我们的生命只有一次，在炎炎夏季，要学会像空调般能感应气候，随时调节，切不要因一时气性而事后悔恨，甚至抱恨终生。

4. 按下生活的慢放键

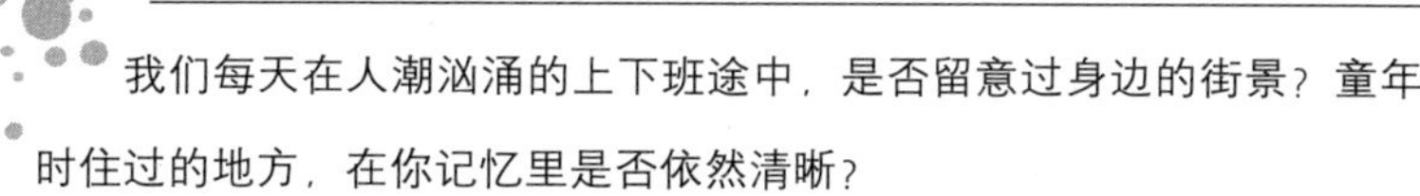

我们每天在人潮汹涌的上下班途中，是否留意过身边的街景？童年时住过的地方，在你记忆里是否依然清晰？

回想一下，是不是很久没有和自己最好的伙伴联系了？是不是总是忙碌中忘了给远在异乡的父母问安？是不是所有的书都只看了一半就躺在那里休息？和往常一样，今天又是一个繁忙的日子，一天中你参加了3个会议，电话起码响起了10几次，你的同事不请自来跑到你办公室问了很多个问题，有个主要的紧急事件还没有处理……

你很繁忙，但是你并不知道你到底在忙什么？能够得到什么？在你还搞不明白这些后，你已经下班回家了，这种忙碌似乎也没什么意义。你差不多总是匆忙的，又总是有很多做不完的事情，这说明你总是处在时间不够用的状态中。

乌龟问一只在拼命奔跑着小老鼠：“小老鼠，什么事情让你急成这样？歇歇吧。”

小老鼠说：“我可不能停，我希望看到这条路的尽头是什么样子的。”说完，小老鼠继续快速向前跑。

不一会，小老鼠又遇上一只小兔子，小兔子说：“小老鼠，什么事情让你急成这样？不要跑了，过来歇一会吧。”小老鼠说：“那可不行，我得跑到路的尽头去看看到底是什么样。”

小老鼠的这一路上被这样的问题反复问着，而它也反复回答着。小老鼠很有毅力，它从来都没有停歇过，只是想到达终点。终于，小老鼠如愿了，它在奔跑的过程中猛然撞到一棵大树桩，于是不得不停了下来。小老鼠如释重负，它感叹了一句“哦，原来我想看到的路的尽头就是这样的啊！就是一棵树桩而已。”

小老鼠很懊丧，因为它发现自己已经老了，没有太多的时间去欣赏别的美景了，它说：“早知结局是这样的，我应该多注意观看这一路的美景，而不是一味的奔跑……”

生活在都市里的人们步履匆匆像奔跑的小老鼠一样，以为加快的节奏可以为给自己不停地充电，不停地学这样，学那样，好多人为了工作，把家室放在一边，每天都在跟时间赛跑，脑海里只有快一点跟上时代的节拍，不能掉队落伍。

我们想想，是什么蒙蔽了我们的眼睛，让我们只知道纷繁工作；是什么蒙蔽了我们的心灵，让我们只知道衣食住行。我们还有那么多的梦想，没有机会实现；还有那么多的风景，没有时间欣赏。

其实，我们的生活，非要那么匆忙吗？

当潺潺的溪水从一直孕育着它的湖泊中流下时，它便开始迸发出冲击岩石的响声。在游走的旅程中，它会欣赏到很多美景，但这个过程却是艰辛的。一根直立的芦苇都可以让它产生一个漩涡，而面对巨大的礁石它必须要用尽全身力量去跳跃。我们像诗人般歌颂它的旺盛；像哲学家般赞扬它的曲折。而这些长处都显现在它奔流的途中，而不是那个终点。

跑过长跑的人都知道这么一个定理，如果你想跑到终点就要一开始放慢脚步，那些一开始就箭一般冲得没影儿的人往往到达不了终点。生活也是一个长跑，而这个长跑的终点不会再有开始。所以，我们的生活应该是这样的，当我们细数流年之后，回忆依然生动如昔，我们对儿孙有讲不尽的年轻趣事。

看看这些沿途的风景，所幸我们未来还有那么长时间！从现在开始，我们把零碎的时间整集起来，按下生活的慢放键，去品味生活。给自己安排一点娱乐时间，或是与家人多几次相聚，听一听音乐，品一壶好茶——我们在这里并不是一味的强调慢，我们需要实现目标，但不盲目急进。

你应该这样去做：

1. 学会拒绝。想要顾全身边的一切事是不可能的，在面对众多选择时，一定要作出判断，首先你要分辨出要做的事情是否应该做、值得做？虽然很多时候你因为想满足人家的需要所以要付出更多的辛苦。但事实上，在这种情况下，懂得拒绝是件很有必要的事情，这不仅是对自己负责，也是对他人负责。这并不需要过多犹豫。

2. 尽力就好。你需要活出更高的生活质量，而不是过于追求完美。不要花更多的时间把事情做到 100%，如果你能做到 95% 其实也可以。你总是很努力的用很多时间和精力来造就完美。这就会给你带来很大的压力，而且十全十美这是无论如何都不可能实现的。只要你自己尽力做好就足够了。

3. 分摊任务。倘若你拥有一定的实力，能够出钱雇佣一些人来帮忙处理一些事情，那么，就请这么做吧，因为雇佣他们并不代表你懒惰，而是你做了一件能够合理分摊任务的事情。这样就能够留下很多宝贵时间让自己去享受慢生活，这也是给自己心灵放假的做法。你可以利用这段时间去找一个悠闲的地方，然后与亲人、朋友一起喝点茶、聊聊天……

或者顺手看一本悠闲的小说或是一篇温情的散文，去感受“采菊东南下，悠然见南山”的惬意，让疲惫的心灵在文字间缓缓流动、沉淀。

4. 分析现在的时间分配。这话说来容易做起来却很难，但实际上，很多人是很难做到的。想要合理利用时间，你可以尝试着做一个时间表，斟酌一下那些没有必要做的事，然后坚定地将他们抹掉，这样就能很好地减少时间浪费。时间浪费的问题普遍存在，有些自制力差的人每天看电视的时间就很多，要么是沉溺游戏，或是毫无目的地上网浏览无关紧要的网页等，这些事情虽然可以让人得到暂时性的满足，但太多的时光也就此流逝了。

5. 给自己安排找乐子的时间，最好定一个生活闹钟。例如，一个工作指定

两小时或三小时，一旦到点就停下手中的事情，享受美好的生活。

6.分清事情的缓急并高质量去完成它。完成很重要的事情的时候，让那些不那么重要的事排队。倘若你有诸多重要的事情都等着要第一时间完成，你就一定要分辨出哪些是最为重要的，将事件进行比较、筛选，最后再去做。当你希望获取生活的平衡，那么首先要保证自己在生活中迈出自信和惬意的步伐，除了孙悟空我们谁都没有分身术，所以不要充满担忧与匆忙，一次只能做一件事情并且要竭尽你的所能。

为了柴、米、油、盐、酱、醋、茶去奔波和奋斗纵然重要，但请适当放慢脚步，放慢生活的节奏，想要体会出生活的美好，必须懂得慢慢品味，心中的酸甜苦辣皆耐人寻味。

那么匆忙向尽头奔做什么呢？尽头终有到的时候，我们何必不晒晒太阳、歇歇脚呢。

不管你年轻与否，你都需要学会调节自己、放松自己。“放慢”的方法有很多，如等待日落渐黄昏、观察花谢花开的过程，多拿出时间来和大自然亲密接触。平时吃饭要慢，读书要慢，思考要慢……那时候你才会发现，生活是那么的美好。

5. 不向明天预支烦恼

人们总是希望把面对的烦恼都提前处理好，觉得这样就能够过好将来，从而有资本活得无忧无虑。但实际上，有太多的事情是根本没办法提前完成的。

看看街上匆匆的行人，每个人都忧心忡忡满腹心思：打工者会忧心年底裁员是不是有自己的名字；投资者会焦虑明日的股市变化；生意者揪心将来的盈利变化……事实上，那些担忧的事，能提前解决吗？

一位小和尚对每天都要起早扫落叶这件事情感到很厌烦，尤其在冬天，他还必须忍受寒风的吹打。如果风大，原本打扫好的落叶还会飘散一地，所以小和尚认为这是一件苦差事。在秋天，刮来一阵风就会掉一地落叶，所以小和尚每天都要花费很多时间来清扫落叶。

小和尚希望能够找个好办法对付那些落叶，也让自己的工作变得轻松一些。后来，另一个和尚给他出了个主意，说："明天扫落叶之前你可以先用力摇一摇这些树，那么落叶就会掉很多，这样后天就不会那么辛苦了。"

小和尚听后点了头，他认为这个办法非常好，于是第二天他早早地起床了，来到树下使劲摇晃这些树。然后将落叶全部清扫干净，小和尚看到树叶都清扫完毕后非常高兴，他那一整天都美滋滋的。

但好景不长，又过了一天小和尚到院子里一看，落叶依旧布满了寺庙的院子，这是怎么回事？小和尚感到非常奇怪，也非常沮丧。

老和尚看着满脸疑惑的小和尚，意味深长地说："你这个傻孩子，不管你今天如何的努力清扫这些落叶，到了明天依旧会有落叶飘下来！"

在日常生活中，很多人都经常像小和尚一样，试图把人生的烦恼都早早解决掉，然后在今后过上自由自在的美好日子，但这种愿景永远不会实现。

而实际上，很多事情是无法提前完成的，设想自己可能遇到的麻烦，杞人忧天只能让你怀着忧愁度过每一天徒增烦恼。实际上，等烦恼来了，再去考虑也不迟。

我们经常听到这样的痛人消息，寒窗苦读数十年的大学生因为找不到工作，感到前途渺茫，跳楼自杀了。事实上，他感到的挫折只是眼前的，找不到工作慢慢找就是了。就算实在找不到，去打工也是可以的，那些所谓的"低层次"的工作也是正经工作，也需要人们努力去做。再换个角度想，人生最恐惧的莫过于死亡，如果他连死亡都不惧怕，还会害怕明日的命运吗？

有句话说，如果你错过了星星，就请不要在后悔的泪水中错过明日的朝阳！那么早为将来的事情担忧实在没什么意义，将来遥不可及，并且很有可能为了将来虚无缥缈的事物影响到了今日的美好当下，岂不得不偿失？

花儿绽放在春天，果实成熟于秋季，荷花至夏，雪飘冬。在无垠的宇宙的中，时间是悄然有序的，我们永远无法预知明天，那些你劳神伤力的“烦恼”不过是空无一物的莫须有罢了。

在这样日复一日的完全没有必要的担忧中，任何人都很难看到光明的前途，更听不到未来的召唤。长此以往，美丽的梦想将变得暗淡无光，期待的绚烂不过是过眼云烟。一不小心，你就因为预支了明天的烦恼而错过了今日的灿烂。与其为了“明天”而烦恼忧愁不如好好把握当下的快乐。

发明家爱迪生是个被人熟知的人，他曾经的工厂因为失火使得近百万美元的设备化为乌有。员工们认为面对废墟一片，他一定会绝望，因为就连他儿子也觉得已经67岁的爱迪生不会再造辉煌。但闻讯赶到火灾现场的爱迪生却非常镇静，甚至玩笑着说：“这场大火烧得好哇，我们所有的错误都烧光了，现在可以重新开始了。”

《圣经》中阐述了这么一段话：

“所以我告诉你们：不要为生命忧虑吃什么，喝什么，为身体忧虑穿什么。生命不胜于饮食吗？身体不胜于衣裳吗？你们看那天上的飞鸟，也不种，也不收，也不积蓄在仓里，你们的天父尚且养活它。你们不比飞鸟贵重得多吗？你们哪一个能用思虑使寿数多加一刻呢？何必为衣裳忧虑呢？你想：野地里的百合花怎么长起来；它也不劳苦，也不纺线；然而我告诉你们：就是所罗门极荣华的时候，他所穿戴的还不如这花一朵呢！你们这小信的人哪！野地里的草今天还在，明天就丢在炉里，神还给它这样的妆饰，何况你们呢？所以，不要忧虑说：‘吃什么？喝什么？穿什么？’这都是外邦人求的。你们需要用的这一切东西，你们的天父是知道的。你们要先求他的国和他的义，这些东西都要加给你们了。所以，不要为明天忧虑，因为明天自有明天的忧虑；一天的难处一天当就够了。”

有调查显示，人的一生有 93% 的烦恼都是可有可无的，它们存在于狭隘的自我想象中……往往人们在真实可触、切近可碰的今天，为自己那些臆想出来的烦忧而郁郁度日，所谓一心有滞，则诸法不通；人们那些所谓的烦恼，也不过是因为自己缺乏足够的智慧而导致内心对外物的执念造成的。

当我们忧伤焦虑，看不到未来的时候，我们可以尝试以下方法：

1. 珍惜当下的生活。在平时，可以借助于相机拍下那些发生在身边的美好事物，如窗外鸣叫的鸟儿、邻居家玩闹的小宝宝、路边的花草树木等，将这些最普通的生活点滴变成永恒的片段。当你日后再翻出这些照片时，你会觉得回忆是那么美好，而生活的乐趣就在身边，就是一种平淡的美好。

2. 在河边散步。有专家经过调查得出，因为人们在胎儿时期是置身于羊水中的，所以人这种“亲水”的天性是与生俱来的。平时在河边散步可以让人放松心情，就算是烦恼再多，只要感受着潺潺的流水，就能帮你暂时抛开一切，至少此时你能得到悠闲。

3. 在压力太大的时候多和朋友们聚聚，可以一起吃顿大餐，去 KTV 里唱唱歌，找寻在人交往中能够获得的美好。

4. 保持写日志或者博客的习惯，哪怕在纸上随手涂鸦，都可以很好地倾诉忧愁与烦恼。

当人们可以放下虚荣、放下攀比、放下太重的包袱，就能更好地体会生活了，并从中获取平凡的美。有人说：“生活就是一面镜子，你对它哭它亦哭，你对它笑它亦笑。”的确，高兴是一天，烦恼也是一天，与其烦恼为什么不能高高兴兴地度过呢？

每天上班我们都要去看一下今日行程，下班之前我们都要写工作报告及工作计划，其实每天做的事都是一样的。但很多人总去揣摩明天会遇到什么样的难题，事实上，我们只要努力把今天的工作做完就好了，明天的事明天再说何妨。明天的烦恼，你今天是永远无法解决的，过早地为将来担忧于事无补，只

能让自己活得更累，剥夺本该属于自己的快乐。

6. 享受爱与温情，感受温暖情怀

万千世界离不开一个“情”字。有了太阳的关爱，花儿绚丽绽放；鸟儿愉快歌唱；万物生生不息……人们也是如此，只有懂得关爱他人，才能同样获取到关爱。人间真情处处有，看你如何去感受。

我们讲述一个全世界家喻户晓的魔法故事：一个名叫哈利·波特的小男孩，还在襁褓中时，因为一个预言，世界黑暗势力的最高统治者——伏地魔残忍地将他的父母杀害。但是这个脆弱的小生命幸存了下来，并且历经艰辛最终结束了伏地魔对魔法界的黑暗统治。

哈利·波特不是倚仗高级魔杖和魔法取胜伏地魔的，也不是凭借厉害的咒语，而是因为一个最简单却深意其中的“爱”！“爱”让弱小的他变得坚强和勇敢。

还记得罗恩说的“让我来做骑士”那句自我牺牲精神的展现之语吗，面对敌人的疯狂和狰狞，两个好友毫不犹豫地护在哈利·波特面前，高举魔杖，厉声说道：“如果要杀他，就必须从我们身上踏过去！”

是的，他们的友谊，让全世界感动着，并且应证了邓布利多的话：爱是比所有事物都强大的力量。

我们的生命中，并不是一定要用死亡来证明彼此的情怀。一个异地的问候、一杯寒冬的暖茶、一句绝境时候的鼓励……著名心理学家巴达斯曾经被问及：“哪些是人类今天最基本及最深切的心理需要？”她回答说：“人类需要爱。”但这不限于男与女之间的爱，从心理学家的观点看来，拥有人间各种爱和温情是幸福快乐的。

每个人都希望得到别人的真诚相待，但要想别人真诚待你，你就应当首先主动真诚地去对待别人。孟子曰“爱人者人恒爱之，敬人者人恒敬之。”你待别人怎样，别人就会怎样待你。你真诚待人、与人为善，就能起到“赠人玫瑰手有余香”的效果。

真诚的付出终会换来回报，对别人的态度积极主动、善于关心他人的做法，比待人冷漠相比，不仅能够得到更多的乐趣，还能获取快乐的情感体验。

比如，单位上的某个同事生病了很多天，等他病愈上班后，会有很多同事过来问候，表示关心，并嘱咐他多注意休息。相反，如果有的同事明明知道同事病刚好，却不闻不问，相比那些热心的同事，两种人的心理感受差别是很大的。

从心理学方面来讲，表示出关心的同事，在问个好、道个安的同时，不仅可以愉悦病刚好的同事，也会愉悦自己的内心，从而加倍提升彼此的幸福感。对于那些不闻不问的人来说，自然没有付出也就没有回报。

社会就是一个利益共同体，而每个人都是组成这个社会的一部分，人们不可以孤单的存在，而伤害别人就等于用自己的左手伤害自己的右手。一个经常关心别人的人比不关心别人的人，幸福感会更强烈，更持续。

“想别人之所想，帮别人之所需，喜别人之所乐。”常常对他人伸出援手的人是最幸福的。况且，有付出也是有回报的。有个故事说两只蚂蚁，它们彼此碰了一下触须就向相反方向爬去。它们爬了很长时间后均有一股遗憾之情产生，它们想，在这片广阔的大地上相遇，如果没有彼此拥抱一下，实在是件让人感到可惜的事情。

是的，不应该再有这种遗憾。珍惜你所拥有的真情，去懂得感恩，懂得回报。正如那句深入心中的歌词所唱到的：“只要人人都献出一点爱，世界将变成美好的人间。”

7. 换个角度，走出思维困惑

世界如此坦诚地摆在我们的面前，但是我们每一个人眼中的世界却各有不同。不论大与小，强与弱，喜与悲，在很多情况下都是按照我们自己的意愿来认定的，但是如果我们能换个角度去思考，那摆在我们面前的会是怎样的一番风景呢？

每一个人，一生中都会遇到各种各样的事情。有顺心的，不顺心的。当你热脸相迎，却遇到别人的冷眼相对时，你会怎么样呢？是愤怒转身，还是依然笑脸相对？当你想不通问题时，你又会怎么样呢？是钻进牛角尖里不出来，还是转变思维另寻它解呢？当你自己陷入困惑时，你又是怎么处理呢？是让自己进一步深陷，还是让自己尽快拔足而出呢？

这一系列的问题，都在告诉我们，我们每个人都会遇到一些与自己思想相悖的事情，而当我们遇到这些事情时，该怎么做才能让自己快乐、轻松地实现自己的目标呢？这就是我们要说的——换个角度看问题。

生活中我们会经常遇到这些问题。有些人就会对别人的冷眼回以更冷的一眼，想不通时让自己一直钻进牛角尖里不出来，遇到困惑时也由着自己一直困惑下去，而结果却导致更严重的后果。他们的人际关系变得越来越差，思维变得越来越狭窄，逻辑变得越来越混乱。聪明的人赶快停止吧，放下原来的思维，换个角度去看吧！

生活中，我们从不同的角度去看待问题，就会出现不同的结果，有时还会让你获得意外的惊喜。

“牛仔大王”李维斯年青时曾像许多人一样，带着发财的梦想去西部淘金。当他即将要实现自己的淘金梦想时，却被一条河挡住了去路。

李维斯等了很多天，河岸上站了越来越多的人，却都无法过河。有些人选择了去上游寻找出路，有些人则选择了到下游寻找出路，还有些人在原地怨天尤人。而李维斯想，“我是来挣钱的，只要能赚到钱，为什么非得去淘金呢？我要是有办法让这些急需要渡河的淘金者过河，我不是一样能赚一大笔钱吗？”

于是他放弃了自己原来淘金的想法，转而想怎么把这些人送到河对岸去。这时，李维斯看到离河不远处有一片竹林。于是他开始砍伐竹子，将竹子做成竹排来摆渡。他让那些要过河的人付过河费，那些急着要过河淘金的人，谁也没有吝啬那一点过河费，很快地，李维斯赚到了他人生的第一桶金。

过了一段时间后，去淘金的人越来越少了，摆渡的生意开始变得清淡起来，李维斯决定放弃摆渡，过河去淘金。但是来淘金的人太多了，想找一块合适的挖金地很难。这时李维斯发现这里不缺黄金，缺的是水。那么多的淘金者每天要喝水，晚上又要洗澡、洗衣，都需要水。在这里，黄金随处可见，而水却十分稀少。于是，李维斯又开始打起水的主意。

他在当地到处寻找水源，挖掘成井。每天都把水运到淘金的工地上，他做起了这个没有人与他竞争的生意，因此卖水的生意很是红火，他又大赚了一笔钱。别人看到他卖水也能赚大钱，也跟着卖起了水，最后卖水的人越来越多，李维斯发现卖水也不能赚到钱了，他又转换了角度。

他发现来这里淘金的人衣服都很容易就会磨破，还发现西部到处都是废弃的帐蓬，于是又一个挣钱的点子出现在他的脑子里。他把那些帐蓬收集起来，洗干净，做成了一条裤子，于是世界上的第一条牛仔裤诞生了。再之后，我们就都看到了他的成就。那就是举世闻名的“牛仔大王”。

正是由于李维斯没有固守成规，善于转换思维的角度，不断去发现，才成就了他如今的成就。

张海迪说：“在艰难困苦中我曾多次要放弃，但我每天又小心翼翼地将生命拾起来。”这就是说，当我们遇到困难时，换一种角度想问题，我们就会有勇气面对遇到的问题，进而解决它。换一种角度思考问题，会让你在“疑无路”时看到“又一村”，会让你真正领悟到“沉舟侧畔千帆过，病树前头万木春”的真谛。

当爱迪生实验失败受到别人的嘲笑时，他却能自豪地说："我已发现了1000种材料不适合做灯丝。"今天我们能在夜晚看到五光十色的灯光，也正是由于爱迪生没有把别人的嘲笑当嘲笑，继续着自己那1001次的实验才换来的。

所以，当我们遇到自己想不通的事情时，不妨去换一种角度去思考，这样也许会让我们重新认识自己，萌发新的力量，从而发挥出新的作用，为我们找到另一条可发展的道路。

而怎么才能使自己换一种角度来看待问题呢？在这里就给大家介绍一种方法——干涉行为模式方法。

所谓干涉行为模式方法，就是通过行为来及时终止自己正在进行的思维，从而使自己不再深陷其中的一种思维模式。

我们经常会在一些喜剧电影里到这样的情景：当一个人给了一个正歇斯底里发狂的人一巴掌时，那个人会立刻恢复平静。这就是典型的干涉行为模式。

当我们在工作中遇到问题时，不会出现一个给自己一巴掌的人，那这时就需要我们自己来做了。我们不妨把一些让自己感到困惑的问题写在纸上，然后把它烧掉，并告诉自己，"就让它烧成灰吧！"转而将这个问题放下，去做其他的事情，过段时间以后，当我们回过头来时，问题也许就已经有了答案。

在生活中当我们的热情遭到别人的冷眼时，我们不防安慰自己："我刚才不过是跟一个傻瓜在讲话"，就当自己这一天中了一个小奖，奖品就是与一个傻瓜说话，然后傻瓜对此并无反应。当你这么想的时候，你的心情就不会那么糟糕了。

每个人遇到的麻烦都是不一样的，干涉的方法也是不尽相同的：你可以将你的困惑烧掉；你还可以去跑步，让自己忘掉；你还可以将一切抛开，来一段轻快的舞曲……

总之，干涉行为模式方法就是让你想办法用其他的事情来转移自己的注意力，阻断自己的困惑，从而使自己从困惑中跳出来。

余秋雨曾发过这样的感慨："人生的路，靠自己一步步走去，真正能保护你的，是你自己的人格选择和文化选择。那么反过来，真正能伤害你的，也是一样，自己的选择。”

人生苦短，我们活着就是一种心情。不管是穷，还是富；不管是得，还是失，都是因我们看待问题的角度不一样造成的，换一种新的角度来面对问题，也许迎接你的将是新的洞天。

8. 你不是蜗牛，请放下沉重的壳

“小小的天有大人的梦想，重重的壳裹着轻轻的仰望。我要一步一步往上爬，在最高点乘着叶片往前飞，小小的天留过的泪和汗，总有一天我有属于我的天。”周杰伦的《蜗牛》鼓励着我们向前走，但是当我们背上了如同蜗牛壳似的压力时，我们又能走多远？

蜗年背着它的壳，从不敢放下一刻。那是因为那壳不仅仅是它的“蜗居”，还是它的心、肺及所有器官的寄居所。如果它的壳受到了损伤修补不好，它很有可能为此付出生命。

在我们人类中，有很多人也背负上了一个“蜗牛壳”，尽管此“蜗牛壳”里没有他赖以生存的东西。

曾有一部电视剧叫《蜗居》，之所以广受人们的关注与喜爱，并不是因为它的收视率有多高，而是因为看过它的人有太多的同感。

剧中海萍的形象是现实中太多人的真实写照，海萍那句经典的台词：“每天一睁开眼睛，就有一串数字蹦出脑海：房贷6000元，吃穿用2500元，冉冉上幼儿园1500元，人情往来600元，交通费580元……从我苏醒的第一个呼吸起，我每天至少要进账400元，这就是我生活在这个城市的成本”道出了多少人的辛酸。

慕平和小乐从大学时期就开始了两人的浪漫爱情。

毕业后两人在同一个城市工作，两个人的工作也都算不错，收入虽算不上高，但也属于中流了，两个人的生活过得有滋有味。当两个人决定结婚时，房子问题摆在了他们面前。

慕平是一个知青家庭的孩子，很想能在父母生活的城市有一个属于自己的家，这样就能把父母接回来，让他们在出生的地方安享晚年。小乐是一个小城市中普通工人家庭的孩子，上学已经掏空了家里的积蓄。这样买房子的事就全部落在了两个人的身上。

慕平和小乐工作了几年后，也有了些积蓄，如果把这个数放在小乐的家乡，算得上是一笔大数目，但在他们生活的这个城市，面对这里的房价，他们的积蓄也只是一个小小的零头。

面对这样的压力，慕平变得越来越焦躁不安。她开始为了一点小事就跟小乐吵架，说小乐没有能力，连一套房子都没买不起。每当小乐听到这些话的时候，心里就很不是滋味。慢慢地，小乐厌烦了这样争吵的日子，与一个当地的女同事有了感情。

小乐离开了慕平，他把两个人四年来的积蓄都给了慕平。慕平没有能找到小乐，但是她的户头里的钱却一直在增加。

小乐虽然离开了慕平，但是念着当初的感情，还是不断地给慕平汇钱，希望能帮慕平在这个大城市买一套房子。但是，他与女同事结婚后，就再也不能给慕平汇钱了。

接下来的日子，慕平就开始了暗无天日的加班生活，直到把自己累倒。当知道信用卡可以透支时，她就一口气办了5张信用卡，套现了13万元的现金。于是，她拿着自己以及小乐给她留下的钱，买了一套离市区很远的小户型房子。

有了房子后的慕平，每天要面对5000元的房贷。为了还贷，慕平每天只吃咸菜馒头，日子久了，身体变得越来越差。为了还信用卡，慕平找朋友和同学借钱，日子久了，朋友和同学也不再愿意借给她了。

面对着这样的结局，慕平变得越来越沉默寡言。终于有一天，慕平晕倒在自己的房子里。经过检查，医生说：“她由于长时间的营养不良和过多的工作导致身体严重透支，再加上压力过大，她有可能患上了抑郁症。”

原本一对幸福的恋人，因为承受不起的负担成为陌路，小乐因承受不了慕平给自己的压力决定离开她。原本应该有着美好未来的女孩，却因为过重的负担而送掉了自己美好的青春，最终慕平也因过多地透支身体而进了医院。

生活中有太多这样的人。他们为了一个不可能实现的目标，让自己背负上越来越多的压力，而结局却是举步维艰，离自己的目标越来越远。

见过一则旅游公司打的广告：“只要半个平米的价格，日韩新马泰都玩了一圈；一两个平米的价格，欧美列国也回来了；下一步只好策划去埃及南非这些更为神奇的所在……几年下来，全世界你都玩遍，可能还没花完一个厨房的价钱。但是那时候，说不定你的世界观都已经变了……”所以与其背上那沉重的壳一步一步地爬，不如让我们放下它轻松上路，让自己的生活有另一番精彩。

刘敏和老公是在工作中认识的一对情侣。他们工作了8年，有了自己的一些积蓄，要是付房子的首付也是没问题的。但是他们却选择了与慕平不一样的方法。

去年他们在自己租住的公寓里举行了婚礼。刘敏说：“婚姻不一定非要有房子才幸福。”

她算过一笔账：如果一套190平的房子在繁华阶段的租金达到1万元左右，而卖价却是他的460倍。换句话说，倘若房租保持不变，房东大约需要38年才能收回房款。

但38年后，房子的价值能有多少，却是一个未知数。房子价格的决定因素是人口，但是以现在人们的人口政策和生育观念，38年后，人口肯定会少于现在，对房子的需求也会大幅减少，那减值自不必说。

但是如果我租房的话，月租金1万元，年租金也就是12万元。如果我用买房的460万元投资38年，每年按5%的收益来算的话，38年后就是是2937万元。如果按10%来计算的话，38年的本金总额为1.7亿元。也就是说我不仅住了大房子，还在38年后有了自己的一笔存款，如果38年后房价降值，那我

肯定不用贷款就能买得起一套大房子。

而如果我现在买房的话，我以后的38年也许只能吃咸菜和馒头了。

所以刘敏与老公就一直租房子住，不会因为房贷而影响到自己的生活质量。他们隔一段时间就一起去旅旅游，享受一下二人世界，每次回来会给朋友和同事带回礼物，周围的朋友们也很乐意与他们交往。他们的生活时时都充满着快乐的笑声，这种愉快的心情也让他们工作得心应手，如鱼得水。

刘敏说，“租房子有很大的主动权，房子好就住，不好就不住，但买了房就不一样了，是把身家性命都押上了。看我们现在，既住了大房子，还享受了生活。”

刘敏没有像慕平一样让自己背负上那一个沉重的壳，而是选择了让自己轻松上路。结局就是，他们的工作越走越顺利，甚至超过了自己当初的目标；他们的生活过得有滋有味，两人感情稳定和睦，成为人人羡慕的一对小情侣。

蜗牛不能放弃他背上的壳是因为那关乎它的性命，放弃就等于放弃了生命；但我们不一样，我们放弃了那沉重的壳，就能像刘敏一样，成为一个可以快乐享受生活的人。

9. 善用“快乐”牌放大镜

让我们快乐的有时并不是事物本身，而是我们对事物的看法。我们在对一个人或是一项事物厌烦时，并不是因为他们有多讨厌，而是因为我们放大了他们的缺点，缩小了他们的优点造成的。

一位妇女不小心把一个鸡蛋打碎了，妇女就想：一个鸡蛋可以孵化成一只小鸡，长大后的小鸡又可以下很多蛋，这么多的蛋又可以孵化成更多的小鸡，突然妇女大叫一声：“上帝，一个养鸡场就这样让我打碎了。”

这原本只是一件打碎了鸡蛋的小事，被这位妇女却不断地放大放大再放大，以至于打碎了一个鸡蛋变成失去了一个养鸡场的悲剧。

很多时候，我们往往只是习惯性地盯着我们的痛苦，并把它不断放大，使其对自己的影响越来越大。

古时有这样一个寓言：

一位老人家里有一幅画。画是一张白纸，上面点了一滴墨点。

客人问："墙上为什么挂着一个墨点呢？"

老人笑着说："那不是一个墨点，那是一幅画。这幅画的名字叫快乐，那个墨点表示一点点痛苦，周围的白纸就是快乐。"

客人又说："要是把墨点去掉，不就都成了快乐了吗？"

老人说道："如果全变成快乐，没有那一点痛苦，就显不出快乐来了。"

快乐和痛苦是人生的交响曲，是永远存在的。我们快不快乐，主要取决于我们是放大了快乐还是放大了痛苦。

著名的小提琴大师帕尔曼小时候因患小儿麻痹而落下了终生的残疾，但这却没有能阻挡住他取得今天的成绩。

帕尔曼的父母是战后来到以色列的移民，帕尔曼是他们唯一的孩子。帕尔曼从小就对音乐非常有天赋，在他两岁半的时候，他就可以跟着收音机里的旋律来哼唱。但是不幸的是，帕尔曼在四岁的时候患了小儿麻痹症，从此小帕尔曼只能坐在轮椅上。

小儿麻痹并没影响到小帕尔曼学习音乐的兴趣。当他从医院回来后，很快就开始了学习小提琴的生涯。

帕尔曼并没有因为有残疾而影响演奏水平的提高，他频繁参加音乐会，他的勤劳让人们开始注意到他。

帕尔曼一位伟大的朋友——伊扎克·斯特恩现场聆听并见证了帕尔曼取得莱文垂大奖。

著名指挥家祖宾·梅塔邀请他加入蒙特利尔交响乐团的演出，在听了他的演奏后动情地说："他的演奏充分地揭示了柴可夫斯基作品的内涵，年纪轻轻的

帕尔曼已经完全驾御了这个作品。他能把他自己的声音同交响乐团的声音很好地融合在一起，这正是精致的音乐所需要的。”

但是帕尔曼却是坐着的，祖克曼说：“帕尔曼坐着拉琴，也能没有限制地把音乐传达出去，这是个奇迹！”

帕尔曼是一个残疾人。学习上的困难对他来说不是难题，最难的是生活中他要面对很多对正常人来说很容易，但对他来讲却很难的事情。

当他需要出去时，他就会在自己家门前的一个卖酒小铺前等出租车。如果遇上下雪，他就只能让自己滑进车里去，不过每当他滑到车里时，总是会对着司机露出胜利的微笑。

在帕尔曼 14 岁时，他就去了一个叫沃尔多夫·阿斯托里亚的酒店里演奏小提琴。而他通常都是在夜里 12 点登上临时搭建的舞台，那几级台阶对于帕尔曼来说是最大的难题，但却没有一次因为台阶而退却。虽然那里的环境很糟糕，但是身带残疾的帕尔曼还是在那里拉了好几年的小提琴。

对于一个不能站着行走的人来说，有很多事情都是不能做的。帕尔曼是一个篮球迷，但他不能像正常人一样到球场上去，他就用自己的一套自娱自乐的办法，在大脑中想象自己在篮球场上飞跑的情景，沮丧的心情便随之好起来。

帕尔曼经常会去一些治疗残疾儿童的医院。他说：“我到这些地方去的一个原因就是想让他们知道，虽然我有自己的问题，但我仍在做事情。”曾有一个小男孩问帕尔曼：“你拉琴的时间是多少呢？”

帕尔曼回答：“我一共拉了 52 年，我现在 57 岁了，我从 5 岁开始拉琴。”

男孩瞪大双眼，吃惊地问道：“你不感到烦吗？”

这时听到此话的人都笑了起来，包括帕尔曼。帕尔曼说：“从来没有过。”

帕尔曼面对这么多的困难，从来没有放大过自己的痛苦。而生活中一点小小的胜利就会让他很高兴。他把自己的快乐带给更多的人，使自己的快乐放大无数倍，使他做任何事情都充满了信心。这就是帕尔曼取得如此辉煌成绩的原因。

面对半杯水，悲观主义者会说：“这个杯子只有半杯水。”而乐观主义者却会说：“这个杯子还有半杯水”。我们每一个人都希望自己天天快乐，但是我们却在无形中总是放大我们的痛苦，而使我们变得越来越不快乐，那我们怎么样才能使自己快乐起来，看看下面这些方法吧，也许就会让你放大快乐。

1. 让自己降低快乐的标准

每个人都有一个属于自己的笑点，这也就是我们快乐的标准。它就像一根橡皮筋可以无限长地拉伸，当你的欲望越高时，你的快乐标准也就会越高，那你快乐的可能性就会越小，这时你的痛苦就会越大。我们要想让自己快乐的可能性变大，就得调整自己的快乐标准，其实换一种说法就是，我们要知足，只有知足才会常乐。纪晓岚说：“事能知足心常泰，人到无求品自高。”从不为自己没有的东西而难过，只为自己拥有的东西高兴，这就是我们快乐的标准。

2. 要学会从不幸之中看到万幸

当我们遇到一件不幸的事情时，我们要善于用放大镜的反面来缩小不幸，而用放大镜的正面来放大它幸运的一面。这样我们就会感到幸运而不是不幸了，从而为自己的幸运而快乐。

美国前任总统罗斯福家有一次被盗，丢了很多东西。他的一位朋友听说后，赶紧写信安慰他，但罗斯福却回信告诉他的朋友，说：“我现在很平安，也很快乐：因为第一，贼偷去的是我的东西，而没有伤害我的生命；第二，贼只偷去我部分东西，而不是全部；第三，最值得庆幸的是，做贼的是他，而不是我。”

罗斯福能坐到总统的位置，他的这种思想不能不说起了一定的作用。

3. 抑制悲观情绪的恶性膨胀

契诃夫名篇《小职员之死》从心理角度看就是一个典型的放大悲观的例子。文中庶务官伊凡・德米特里・切尔维亚科夫坐在剧院里看歌剧时，不小心打了一个“阿嚏”，当他看到三品文官扎洛夫将军坐在他前面，且用手套使劲擦自己的秃头和脖子时，切尔维亚科夫却开始担心起来，“我的唾沫是不是溅到了他的身上？”

当他向将军道歉时，对将军的回答总是往负面去想，于是他对将军每一次不耐烦的回答，总是认为将军是非常在意这件事的，并会因这件事而降罪自己。

到最后，将军终于被他一次一次的道歉烦得无可忍受时，对他发了火："你给我滚出去"，此时的切尔科夫也终于因这种不断放大的悲观情绪而使自己走到了生命的尽头。如果切尔科夫一开始就懂得抑制自己的悲观情绪，结局将是另一番情境。

4. 让自己适时糊涂一下

清朝时期因画竹而出名的郑板桥的座右铭就是："难得糊涂。"也就是因为这四个字，才使郁郁不得志的他也能快乐活着。

宋朝名相富弼有一次遭到别人平白无故的辱骂。当有人告诉他，某某骂你时，富弼说，"大概是骂别人吧。"那人又说："已经指着你的名字骂你呢，不可能骂别人啊！"富弼想了想说，"也许有人跟我的名字一样吧。"骂他的人听到后非常惭愧，于是向富弼道歉。富弼通过假装糊涂，使辱骂他的人自行惭愧，但却使自己制造出快乐。

"不如意事常八九，可与言者只二三。"古人告诉我们：常想一二。也就是告诉我们经常想想那一二件快乐的事，放大快乐的光芒，我们自然也就会天天快乐。

10. 向情绪问一声"早上好"

一年之计在于春，一天之计在于晨。情绪是我们的命运，良好的情绪是实现我们崇高梦想的关键，而早晨的好情绪则是一天好情绪的开始。每天早晨问候一下我们的情绪，我们每一天就会拥有好情绪。

很多时候，如果我们在早上起床后感觉到很糟糕，这一天就会像滚雪球一样，变成真正糟糕的一天。

糟糕的事情会像多米诺骨牌一样，一件接着一件。

早上你可能费了半天的时间才找到自己要穿的那件衣服，而你有可能因此而迟到，你的迟到又恰巧被你的上司逮个正着。这一系列倒霉的事情，必然会影响到你的情绪。

糟糕的情绪会让你看起来很难相处，同事们变得不像往日那样亲近你，这种情况让你变得更加不快。当这一天结束时，你会发现自己还没有从那不快乐中摆脱出来。如果不能适时调整，也许还会影响到自己第二天的情绪，于是不快的雪球就越滚越大。

而不好的情绪会给我们带来很多的问题，他不仅只是影响我们的工作和生活，同时对身体也是一种伤害。

一位生理学家曾做过一个试验：他收集不同情绪状态下的人呼出来的气体，然后将它们冷却成水。

经观察，他发现人在心平气和时，水是澄清的；悲伤时，水里出现了白色沉淀；后悔时，水里出现的是蛋白色沉淀；当生气时，水里出现的是紫色沉淀。

这位生理学家把含有紫色沉淀的水给大白鼠注射后，没有几分钟，大白鼠就中毒身亡。随即生理学家又发现：人生气时，生理反应剧烈，内分泌复杂且具有毒性，因此，经常生气的人是很难健康的，更谈不上长寿。

于是他得出结论："许多人其实是气死的。"

不好的情绪是导致生气的最主要原因。要想不生气，那只能来调整自己的情绪。

在美国一个很大的陵园里，有一个园工，每年都会接到一位贵夫人送来的一束鲜花，并要求他为儿子扫墓。

有一年，这位夫人照例来到陵园来为儿子扫墓。这次她让司机找来园工，对园工说："我今天来，一是为了对你说一声'谢谢'，二来是想告诉你，我以后可能没有机会再来为儿子扫墓了，希望你能每年为我儿子扫扫墓。"说话时，夫人显得很疲惫，说话声音有气无力的，一副病焉焉的样子。

园工看着夫人的样子，决定答应夫人的要求，说："我会在我的有生之年，每年都为你儿子来扫墓的，请放心。"

说完，园工转身要走，突然又转过身来对夫人说："即使是你一片好意，但鲜花很快就会凋谢，你儿子并不能拥有太久。但是现在很多敬老院的老人以及那些残疾康复中心的行动不便的人是没有人送鲜花的，如果把鲜花送给他们，也许收获会更大。"

夫人对着园工微微一笑，点点头。从此以后，园工再也没有收到夫人送来的鲜花。又过了几年，这位夫人又一次来到陵园。

而这次来是特意为感谢园工的。这位夫人患有心脏病，儿子的去世，使她天天处于悲伤中，病情变得越来越重。

当年她拜托园工为儿子扫墓，是因为医生说她可能活不了一年了。当她接受园工的意见，把花送到敬老院和残疾康复中心后，得到那里的老人的感谢信，她每天看到这些信时，心情也变得好起来。奇迹出现了，她的病好了。

从上面的故事中我们不难发现，好情绪对我们身心的巨大作用。当人们心情舒畅时，不仅有利于身体的健康，而且对于我们的人际关系和工作的发展也起着不可小觑的作用。

因此，我们每一个人都要让自己天天保持良好的情绪。而早上人们情绪的好坏，是决定人们能否长久保持良好情绪的关键。

芝加哥，上班的路上。

公交车里非常安静，没有一个人在说话。大家不是在看书，就是在听音乐，要不就躲在报纸的背面，个个都是面无表情，以此来保持着彼此的距离。汽车在树木光秃、融雪滩滩的泥泞路上前进着。

就在大家都沉浸在自己的世界时，突然响起一个声音："注意！注意！我是你们的司机。"他的声音掷地有声，车内依然鸦雀无声。

声音继续响下去："先生们，女士们，请你们将手里的报纸放下，然后面对着你们对面的那个人"，车内的人不知道司机要做什么，但都照做了，尽管表情很严肃，或者说是面无表情。这时，司机又说："现在，跟着我说，早上好，朋友……"

大家都怔了怔，然后纷纷说出这句话，刚一说完场面有了变化，人们情不自禁地笑了。

最开始大家都很难为情的样子，后来腼腆之情一下子消失了，彼此的界限就此消除。不一会，大家就彼此握起手来，车厢内也充满了欢声笑语。

每个人一天的好情绪从此开始。

早上，对着同事、朋友说声"早上好"，不仅让他们因你的问候而脸带笑容，更重要的是自己的情绪也会因别人的笑脸而变得更加舒畅。一句简单的"早上好"表达出的是"今天又是愉快的一天"的预示！

同样，如果早上起床后，我们心情感到烦躁，不如也向自己问候一声"早上好"，说不定，好情绪就会找上你。

成功学大师奥格·曼狄诺曾写过这样一段文字，"每天醒来，当我被悲伤、自怜、失败的情绪包围时，我就这样与之对抗：沮丧时，我引吭高歌；悲伤时，我开怀大笑；病痛时，我加倍工作；自卑时，我换上新装；不安时，我提高嗓音；穷困潦倒时，我想象未来的富有；力不从心时，我回想过去的成功；自轻自贱时，我想想自己的目标。总之，今天我要学会控制自己的情绪。"

那么，让我们来总结一下，除了早上对自己说一声"早上好"外，我们还能通过哪些方法让自己从早上开始就有一个好情绪呢？

1. 自我暗示法

如果你意识到自己在早上起床后的情绪不好时，你可以对自己说："今天会有什么好事光临我呢？看看在路上我是不是可以遇上美女 / 帅哥呢？"并想象着自己真的遇到时的心情，这样你不好的情绪就会烟消云散。

2. 深呼吸法

这种方法是通过物理方式来放松自己的治疗方法。深呼吸时，你可以坐着也可以躺着，让自己的背尽量挺直。然后开始缓慢而均匀地呼吸，呼吸的同时想象着春天花朵的芳香，从而缓解紧张的情绪。

3. 自我鼓励法

这种方法是通过一些名人的事迹或名人说过的话来激励自己。每天早晨，都想象一遍自己终有一天会像崇拜的偶像一样成功时，你的心情还会糟糕吗？

4. 淡化法

当你早上睁开眼的时候，又想起了昨天让自己生气的事来，而且越想越气。这时你完全可以把它放置之一边，走向阳台，伸个懒腰，再给自己放一段轻松的音乐，用这些事情来冲淡它对自己的影响。这样一来，情绪自然也不会变得恶劣起来。

5. 语言调节法

心理专家实验证明，语言是影响情绪的重要因素。当你悲伤时，朗诵一段笑话，可以消除悲伤。并且用一些“制怒”、“忍”、“冷静”等词来自我提醒时，也能调节自己的情绪。

6. 宣泄法

当你在上班的路上，或是公司办公室遇到不愉快的事情，感到委屈时，一定不要埋在心里。你可以向知心朋友或同事诉说，把心中的气愤宣泄出来。

这种宣泄能够释放内心里的不良情绪，有益于身心健康。但选择这种方法时，一定要选择合适的发泄对象、地点、场合和方法，以免伤害别人。

7. 条件反射法

当你意识到自己的情绪有些不快时，不防走到镜子面前，看看自己的的微笑。当你看到自己的微笑时，你会发现，心情也会变得开朗起来了。

你能否掌控自己的情绪

问题：

爱人的什么行为会让你最受不了？

A. 动不动就冷战

B. 唠叨不休

C. 常和酒肉朋友鬼混

D. 抽烟，喝酒，赌博

答案分析：

选 A：这个选项的人感情很细腻，别人无心的一句话，对你就像如坐针毡，心里感到万分的不舒服。了解你的朋友，对你说话都会很小心，以免不知哪句话就会碰到你那敏感的神经。其实，很多时候都是你自己把事情想得太多。对方没有那么多的想法，但经过你一番思考，就会长出很多的枝杈。这类人的想象力很丰富，只是在人际交往时，还是克制些好。

选 B：这类人有点容易烦躁。如果别人太过关心自己的生活，哪怕只是一个小小的建议也会引起自己很大的反感。因为你喜欢照自己的意思做事，不愿受别人干涉。

这类人的情绪来得快去得也快，但是要注意盛怒时对别人造成的伤害。

选 C：对你来说，把精力放在不必要的争执上，太浪费时间了。你可以很好地掌控自己的情绪。但是你仍然很在意自己的地位巩固与否，如果你知道自己仍然居于胜利者的地位时，就不会太介意平时发生的小事。

选 D：选 D 的人，对自己脾气的掌控是最好的。这类人能够将自己的情绪藏起来，使别人不知道自己在想什么。但是，这类人会在适当的时刻释放出自己的心理压力。

偶尔发生的小摩擦对于这类人来说，不具有任何杀伤力。在别人眼里，这类人是没有脾气的好好先生。其实，这类人之所以脾气好，并不代表他们没有脾气，只是他们懂得如何处理自己的情绪垃圾，如何在无形中将伤害降至最低。